走进物联网世界

主　编　耿美娟　李公昕

電子工業出版社
Publishing House of Electronics Industry
北京 • BEIJING

内 容 简 介

本书作为一门通识类课程的教学用书，主要目标是帮助初次接触物联网的读者了解物联网的相关概念，并联系生产和生活实际，通过行业典型应用让读者了解物联网的关键技术和发展趋势，并对物联网技术应用专业所需的岗位工作能力和就业方向有一个初步的认识。全书共分两个任务：任务一为控制风扇启停；任务二为完成物联网智能家居集成方案。

本书可作为职业技术院校物联网相关专业教学用书，也可作为从业人员自学参考用书。

图书在版编目（CIP）数据

走进物联网世界 / 耿美娟，李公昕主编. —北京：电子工业出版社，2021.2
ISBN 978-7-121-40519-8

Ⅰ. ①走… Ⅱ. ①耿… ②李… Ⅲ. ①物联网－中等专业学校－教材 Ⅳ. ①TP393.4②TP18

中国版本图书馆 CIP 数据核字（2021）第 022559 号

责任编辑：白　楠
印　　刷：三河市君旺印务有限公司
装　　订：三河市君旺印务有限公司
出版发行：电子工业出版社
　　　　　北京市海淀区万寿路 173 信箱　邮编 100036
开　　本：787×1 092　1/16　印张：8　字数：204.8 千字
版　　次：2021 年 2 月第 1 版
印　　次：2021 年 2 月第 1 次印刷
定　　价：25.00 元

凡所购买电子工业出版社图书有缺损问题，请向购买书店调换。若书店售缺，请与本社发行部联系，联系及邮购电话：（010）88254888，88258888。

质量投诉请发邮件至 zlts@phei.com.cn，盗版侵权举报请发邮件至 dbqq@phei.com.cn。

本书咨询联系方式：（010）88254583，zling@phei.com.cn。

FOREWORD 前言

物联网作为国家倡导的新兴产业之一，高度集成并综合运用了新一代信息技术，正蓬勃发展，悄然影响着人们的生活。从智能安防到智能电网，从二维码普及到“智慧城市”落地，物联网正在成为新一轮产业革命的重要方向和推动力量，对于培育新的经济增长点、推动产业结构转型升级、提升社会管理和公共服务的效率和水平具有重要意义。随着物联网技术的进步和相关配套的完善，在未来几年，技术与标准国产化、运营与管理体系化、产业草根化将成为我国物联网发展的三大趋势。

行业的发展离不开大量的专业技术人才。教育部从 2011 年起开始正式设置物联网技术相关专业。在 2019 年初，根据《中等职业学校专业设置管理办法（试行）》，教育部组织开展了《中等职业学校专业目录（2010）》修订工作，研究确定增补物联网技术应用等 46 个新专业，并将其归为信息技术大类。在 2019 年上半年，人力资源和社会保障部发布了 13 个新职业，其中包含从事物联网架构、平台、芯片、传感器、智能标签等技术的研究和开发，以及物联网工程的设计、测试、维护、管理和服务的工程技术人员。

本书的目标是帮助初次接触物联网的读者了解物联网的相关概念，并联系生产和生活实际，通过行业典型应用让读者了解物联网的关键技术和发展趋势，并对物联网技术应用专业要求的岗位工作能力和就业方向有一个初步的认识。

本书根据《国家职业教育改革实施方案》提出的“建设一大批校企‘双元’合作开发的国家规划教材，倡导使用新型活页式、工作手册式教材并配套开发信息化资源”的有关要求，深化“三教”改革，以工作任务为主线，结合中等职业学校物联网技术应用专业的培养目标定位和岗位职业能力要求，将教学过程与生产过程对接，将全面质量管理的五个要素（人、料、机、法、环）融入教学实践过程的五个环节（情境描述、信息收集、分析计划、任务实施、检验评估）中，凸显活页式教材的结构化、形式化、模块化、灵活性、重组性及趣味性等诸多特点，激发学生的学习热情。

本书包含两个任务：任务一为控制风扇启停，任务二为完成智能家居集成方案。

任务一包含三个子任务，即手动控制风扇启停、远程控制风扇启停和风扇自动启停。通过这三个子任务，让学生了解电子设备的发展，以及物联网的相关概念。

任务二包括从智慧社区看物联网如何获取信息、从智慧商超看物联网的数据传输、从智慧环境看物联网的数据处理、从智慧教室看物联网系统的搭建、搭建智能家居系统，主要介绍物联网的典型应用和关键技术。

本书由河南省职业技术教育教学研究室组织编写，其中河南机电职业学院耿美娟、河南省经济管理学校李公昕任主编，河南省经济管理学校李征任副主编。耿美娟负责编写任务一、任务二的环节一、环节三、环节四、环节五及工作页的全部内容，李公昕负责编写任务一环节二中的“从手动风扇到自动风扇”部分，李征负责编写任务一环节二中的“身边的物联网”“物联网的前世今生”“物联网产业价值及产业链”“中等职业学校物联网技术应用专业岗位及能力清单”四部分，驻马店财经学校花文俊负责编写任务二环节二中的“从智慧社区看物联网如何获取信息”部分，河南化工技师学院王少彪负责编写任务二环节二中的“从智慧商超看物联网的数据传输”“从智慧环境看物联网的数据处理”两部分，河南信息工程学校李曜负责编写任务二环节二中的“搭建智能家居系统”“从智慧教室看物联网系统的搭建”两部分。全书讲义部分由李公昕负责统稿。

本书在编写过程中，查阅和参考了众多文献资料，从中得到了许多教益和启发。北京新大陆教育科技有限公司、杭州海康威视数字技术股份有限公司等企业及编者所在单位的领导和同事都给予了很多的帮助和支持，在此一并表示衷心的感谢。

由于编者水平有限，书中难免存在不妥之处，恳请读者提出宝贵意见，以便今后更正和完善。

编　者

CONTENTS 目录

任务一

控制风扇启停

环节一　情境描述

第一次工业革命把人类带入蒸汽时代，英国抓住了机会，成为第一个工业国家，建立了“日不落帝国”；第二次工业革命把人类带入电气时代，美国和德国积极应对，从而赶超了英国；第三次工业革命把人类带入信息时代，美国依靠强大的技术垄断，引导世界秩序多年（表 1-1-1）。在三次工业革命中，中国因为各种原因没有主动参与，其结果是逐渐落后。以物联网为代表的第四次技术革命即将到来，这次中国能不能抓住机遇，改写历史？

表 1-1-1　三次工业革命

	第一次工业革命	第二次工业革命	第三次工业革命
起止时间	18 世纪 60 年代至 19 世纪中期	19 世纪 70 年代至 20 世纪初	20 世纪 40 年代至今
时代	蒸汽时代	电气时代	信息时代
主要标志	改良蒸汽机的应用	电力的广泛应用	计算机的发展和广泛应用
主要国家	英国	美国、德国	美国

信息时代的核心是网络，要实现信息化，就必须依靠完善的网络来迅速地传递数据信息。大家熟悉的网络，在我国最早分为三大类，即电信网络、广播电视网络和计算机网络，其中电信网络和广播电视网络在发展中都逐渐融入了现代计算机网络技术，扩大了原有的服务范围，也能够向用户提供电话通信、视频通信及传送视频节目的服务。从理论上讲，把上述三种网络融合成一种网络，就能够提供所有上述服务，这就是后来我国倡导的三网融合。

在人们通过互联网共享信息、互相沟通、工作娱乐的时候，在网络的另一端，要么是手机、计算机等终端服务器，要么是同样操作计算机、手机等终端的人，那么有没有可能把人们日常生活中经常用到的各种物品也接入网络，让人们可以通过网络知道这些物品的情况，甚至远程控制这些物品呢？物联网就因为这个需要而诞生，所谓的物联网就是将现实生活中的物件安装上感知芯片，然后通过有线或无线网络系统连接起来，最后借助计算机、手机等终端设备远程控制装有这些芯片的物件。

物联网是一种建立在互联网上的网络，是互联网的应用拓展，物联网技术的重要基础与核心仍旧是互联网，它通过各种有线和无线网络与互联网融合，将物体的信息实时、准确地传递出去。物联网通过智能感知、识别技术与普适计算等技术，广泛应用于网络的融合中，因此被称为继计算机、互联网之后世界信息产业发展的第三次浪潮。

物联网已经悄悄进入人们的生活，你身边有哪些物联网设备或物联网应用？

环节二　信息收集

一、身边的物联网

活动：

查找资料，了解物联网行业应用并分组展示。

1. 从共享单车看物联网技术

1）共享单车

某些企业与政府部门合作，在一些人流量较大而不方便开车的公共区域（如校园、商业街等）提供共享单车，供需要的人通过网络付费的方式，短时租用，使用完毕后，在指定区域再通过网络完成车辆归还。

共享单车实质是一种新型的交通工具租赁业务——自行车租赁业务，其主要载体为自行车。2015 年，共享单车最早出现在大学校园，主要针对学生群体骑行需求提供自行车租赁服务。2016 年，市场上的共享单车品牌多达 30 余家（图 1-2-1），覆盖北京、上海、深圳等一二线城市。2017 年，共享单车行业呈爆发式增长，从供给端来看，2016 年累计投放单车约 200 万辆，覆盖城市 33 个，2017 年增长至 2300 万辆，覆盖 200 个城市。随着行业的发展，共享单车行业迎来洗牌和重组，激烈的市场竞争也将产生新的市场格局，据中国信息通信研究院预计，到 2020 年，共享单车企业将创造经济产值 714 亿元。

图 1-2-1　共享单车品牌

共享单车提高了社会资源的利用效率，便利了人民群众的出行，在帮助人们解决出行“最后一公里”问题的同时，还起到了锻炼身体的作用。目前，在很多城市共享单车已经成为与公交、地铁并行的三大公共出行方式之一，已融入人们的日常出行，截至 2017 年年底，共享单车总用户数超过 2.2 亿，占网民总数的 28.6%。共享单车随停随走、按需使用、不受出发地和目的地限制的特点，给予了用户极大的自主性，能够满足用户多样化的短途出行需求（图 1-2-2）。近年来，我国代步自行车领域的经济产值维持在 200 亿元左右，预计 2020 年在共享单车的带动下，其经济产值将增至 800 亿元。

图 1-2-2　共享单车

2）共享单车上的物联网技术

在使用共享单车时，用手机扫码后点击“开锁”按钮，就能将车锁打开。使用完后，将共享单车锁上以后，不用在手机上操作，系统也能判断用户已经使用完了。这些功能主要是通过物联网技术实现的。

共享单车的技术实现主要包括以下几个主要部分。

（1）智能车锁：共享单车的车锁包括中心控制单元、GPS 定位模块、无线移动通信模块、机电锁车装置、电池、动能发电模块、充电管理模块、车载加速度计等。

（2）用户的手机和 App。

（3）共享单车的云平台。

智能车锁的中心控制单元通过无线移动通信模块与后台管理系统进行连接，定期把从 GPS 模块获取的位置信息发送给后台管理系统（图 1-2-3）。

图 1-2-3　智能车锁作用

用户通过手机 App 访问云平台的数据，查看周边的共享单车停放位置信息（图 1-2-4）。

图 1-2-4　手机 App 访问云平台

用户通过查询的位置信息来到共享单车旁边，扫描二维码，App 获取共享单车编号，发送开锁信息给云平台，系统标识成功后通过通信模块向智能车锁的中心控制单元发送解锁指令，开启机械锁的控制开关，开锁成功，当用户使用完成锁车时，会触发机械锁控制开关，然后智能车锁通过无线移动通信模块通知后台管理系统锁车，后台确认成功后计费（图 1-2-5）。

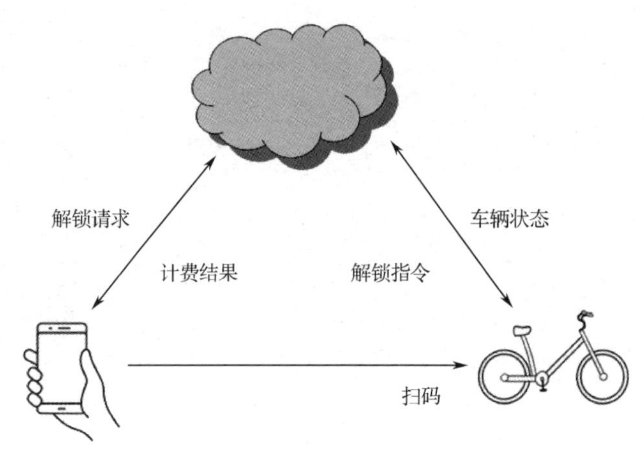

图 1-2-5　共享单车工作过程

2. 物联网行业应用

物联网让物体具有智慧，如洗衣机可以自动调节水温及工作时间，空调可以根据室温自动决定启停等；物联网改变了人们的生活方式，如智能家居、智能交通、车联网等。它创造了一个崭新的产业链，在政府决策、公共设施管理和企业发展等很多方面都具有广泛应用，下面介绍物联网的行业应用。

1）智慧物流

智慧物流指的是基于物联网技术，与互联网融合创新，在物流的运输、仓储、配送等各个环节实现状态感知、实时分析及精准处理，拥有一定智慧能力的现代物流体系（图 1-2-6）。

图 1-2-6　智慧物流

物联网技术的使用能提高运输效率，提升整个物流行业的智能化水平。由京东集团在江苏昆山建立的全流程无人分拣中心（图 1-2-7），其场内自动化设备覆盖率达到 100%，分拣环节进入了全场无人化、智能化阶段。昆山亚洲一号自动分拣系统的分拣能力超过 4 万件/小时，整个分拣中心日分拣能力超过 100 万件，是人工分拣效率的 10 倍多，并且准确率可达 99.99%。

图 1-2-7　昆山全流程无人分拣中心

2）智能交通

智能交通是物联网的一种重要体现形式，利用信息技术将人、车和路紧密地结合起来，改善交通运输环境、保障交通安全并提高资源利用率。运用物联网技术的应用领域包括智能公交车、共享单车、车联网、充电桩监测、智能红绿灯及智慧停车等。其中，车联网是近些年来各大厂商及互联网企业争相进入的领域。我国政府高度重视车联网产业发展，提出了建设“制造强国、网络强国、交通强国”的战略发展目标，各级政府部门也加快了相关部署。2019 年 5 月，工业和信息化部复函江苏省工业和信息化厅支持创建江苏（无锡）车联网先导区，完成重点区域交通设置车联网功能改造和核心系统能力提升，丰富车联网应用场景。2019 年 12 月，工业和信息化部复函天津市人民政府，支持天津（西青）创建车联网先导区，规模部署蜂窝车联网。中国智能交通行业政策汇总表见表 1-2-1。

表 1-2-1　中国智能交通行业政策汇总表

时　间	政策/文件/规划
2019 年	《国家车联网产业标准体系建设指南（车辆智能管理）》
2018 年	《国家车联网产业标准体系建设指南（总体要求）》《国家车联网产业标准体系建设指南（智能网联汽车）》《国家车联网产业标准体系建设指南（信息通信）》《国家车联网产业标准体系建设指南（电子产品和服务）》
2018 年	《车联网（智能网联汽车）无线电频率规划》
2018 年	《智能网联汽车道路测试管理规范（试行）》
2018 年	《平安交通建设纲要（2021—2035 年）》

续表

时　　间	政策/文件/规划
2017 年	《“十三五”交通领域科技创新专项规划》
2017 年	《“十三五”现代综合交通运输体系发展规划》
2017 年	《智慧交通发展行动计划（2017—2020 年）》
2016 年	《综合运输服务“十三五”发展规划》
2016 年	《城市公共交通“十三五”发展纲要》
2016 年	《交通运输信息化“十三五”发展规划》
2016 年	《交通运输科技“十三五”发展规划》
2015 年	《关于进一步加快推进城市公共交通智能化应用示范工程建设有关工作通知》
2012 年	《2012—2020 年中国智能交通发展战略》
2011 年	《关于进一步鼓励软件产业和集成电路产业发展若干政策》
2010 年	《关于促进告诉公路应用联网电子不停车收费技术的若干意见》
2009 年	《电子信息产业调整和振兴规划》
2009 年	《资源节约型环境友好型公路水路交通发展政策》
2008 年	《国家道路交通安全科技行动计划》
2006 年	《国家中长期科学和技术发展规划纲要（2006—2020 年）》
2005 年	《公路水路交通中长期科技发展规划纲要（2006—2020 年）》

3）智能安防

安防是物联网的一大应用市场，因为安全永远都是人们的基本需求。传统安防对人员的依赖性比较大，非常耗费人力，而智能安防能够通过设备实现智能判断。目前，智能安防最核心的部分在于智能安防系统，该系统对拍摄的图像进行传输与存储，并对其进行分析与处理（图 1-2-8）。一个完整的智能安防系统主要包括三大部分——门禁、报警和监控，目前行业应用以视频监控为主。

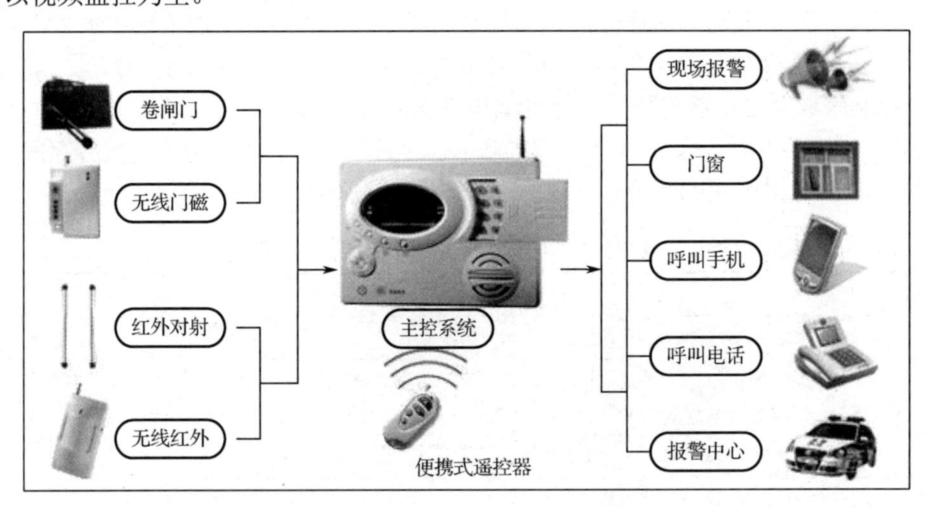

图 1-2-8　智能安防

近年来，国内安防行业市场规模快速发展。随着智能化成为行业大趋势，智能安防也逐渐成为安防企业转型升级的方向，在安防行业中的占比将越来越大。2018 年中国安防行业市场规模在 6600 亿元左右。其中，智能安防行业市场规模近 300 亿元。预计在 2020 年，智能安防将创造一个千亿级的市场。

4）智慧能源环保

智慧能源环保（图 1-2-9）属于智慧城市的一部分，其物联网应用主要集中在水能、电能、燃气、路灯等能源，以及井盖、垃圾桶等环保装置。例如，智慧井盖监测水位及状态、智能水电表实现远程抄表、智能垃圾桶实现自动感应等。将物联网技术应用于传统的水、电、光能设备，通过监测提升利用效率、减少能源损耗。

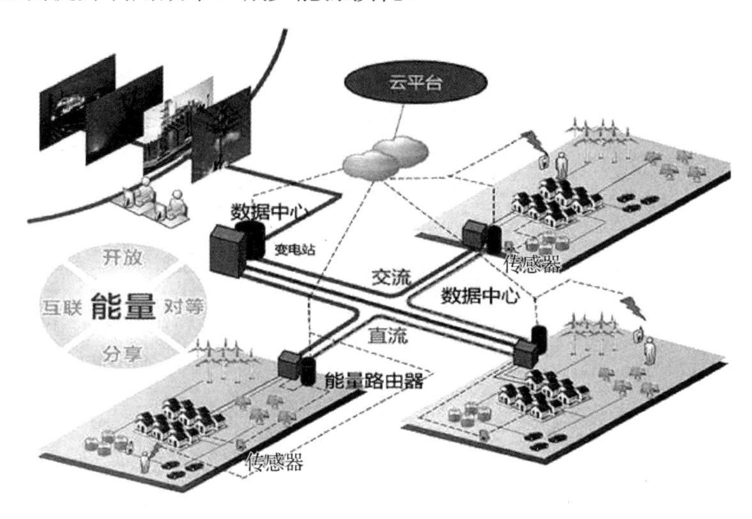

图 1-2-9　智慧能源环保

5）智能医疗

智能医疗（图 1-2-10）通过先进的物联网、通信等信息技术，实现患者与医务人员、医疗机构、医疗设备之间的互动，逐步达到医疗服务的智能化和信息化。在智能医疗领域，新技术的应用必须以人为中心。物联网技术是数据获取的主要途径，能有效地帮助医院实现对人的智能化管理和对物的智能化管理。对人的智能化管理指的是通过传感器对人的生理状态（如心跳频率、体力消耗、血压等）进行监测，例如，医疗可穿戴设备将获取的数据记录到电子健康文件中，方便个人或医生查阅。除此之外，通过射频识别（Radio Frequency Identification，RFID）技术还能对医疗设备、物品进行监控与管理，实现医疗设备、用品可视化等。

在不久的将来，医疗行业将融入更多人工智能、传感器技术等高科技，基于物联网技术的智能医疗使看病变得简单：患者在自助机上刷一下身份证就能完成挂号，到任何一家医院看病，医生输入患者身份证号码就能立即看到之前所有的健康信息、检查数据，在患者身上佩戴传感器，医生就能随时掌握患者的心跳、脉搏、体温等生命体征，一旦出现异常，与之相连的智能医疗系统就会预警，提醒患者及时就医，还会提出救治办法等信息，以帮助患者争取救治的黄金时间。在中国新医改的大背景下，智能医疗正在走进寻常百姓的生活。未来几年，我国智能医疗市场规模将超过 100 亿元。

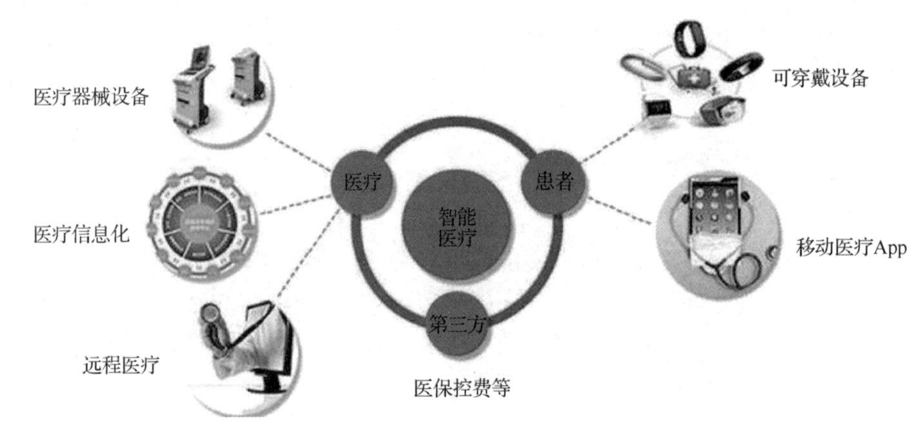

图 1-2-10　智能医疗

6）智慧建筑

智慧建筑（图 1-2-11）通过运用感知、传输等新一代信息技术，使建筑具有推理、判断和决策等综合智慧能力，形成以人、建筑、环境互为协调的整合体，为人们提供安全、舒适、高效、便利及可持续发展的功能环境。建筑是城市的基石，技术的进步促进了建筑的智能化发展，以物联网等新技术为主的智慧建筑越来越受到人们的关注。

随着我国区域经济、新型城镇化、智慧城市建设和高新技术产业的大力发展，建筑智能化行业的发展方向将立足于智慧建筑、面向智慧城市；与建筑的绿色、节能、低碳、环保等目标紧密结合，全面提升我国新型城镇化建设发展水平。2016—2019 年，随着我国新型城镇化发展，智慧城市建设进入高峰，产品国产化水平和市场占有率大幅度提升，智慧建筑企业完成工程大幅度增长，到 2020 年行业内年产值 10 亿元以上的企业有望超过百家。

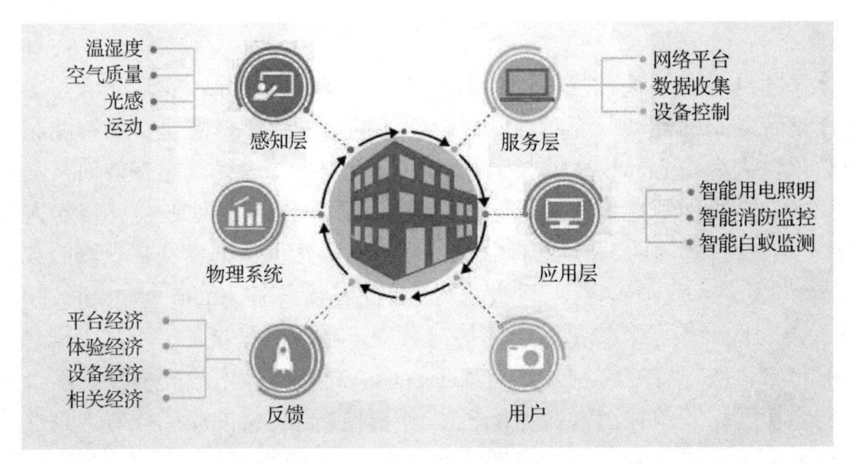

图 1-2-11　智慧建筑

7）智能制造

智能制造（图 1-2-12）细分概念范围很广，涉及很多行业。制造领域的市场体量巨大，是物联网的一个重要应用领域，主要体现在数字化及智能化的工厂改造上，包括工厂机械设备监控和工厂的环境监控。通过在设备上加装相应的传感器，使设备厂商可以远程随时随地

对设备进行监控、升级和维护等操作，更好地了解产品的使用状况，完成产品全生命周期的信息收集，指导产品设计和售后服务。

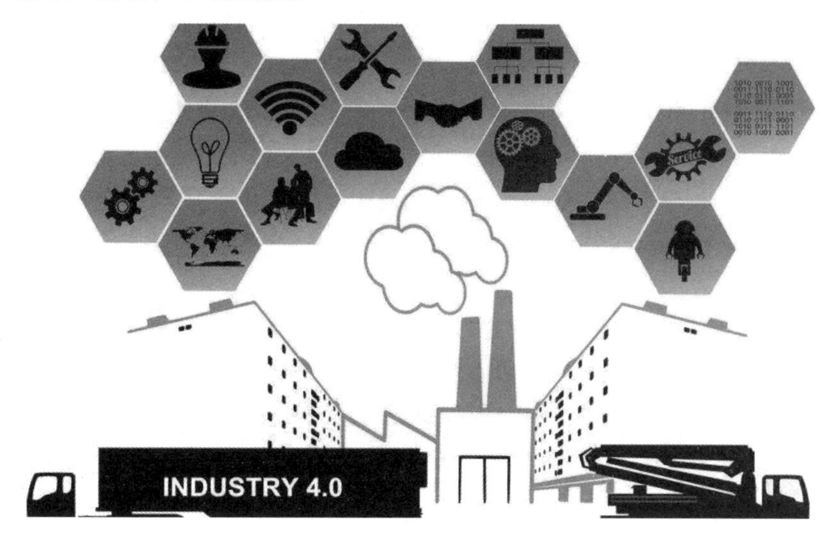

图 1-2-12　智能制造

8）智能家居

科技的发展会让人们的生活更加舒适、美好。烦琐的家务劳动和不太方便的电器操作是很多成年人的苦恼，而智能家居的发展可以让人们从这些烦恼中解脱出来。

智能家居（图 1-2-13）即 Smart Home，又称智能住宅，简单来说就是利用先进的信息技术，将与家居有关的各种功能（如灯光照明、安全防护、家电控制等）结合在一起，通过智能控制软件进行统筹管理。

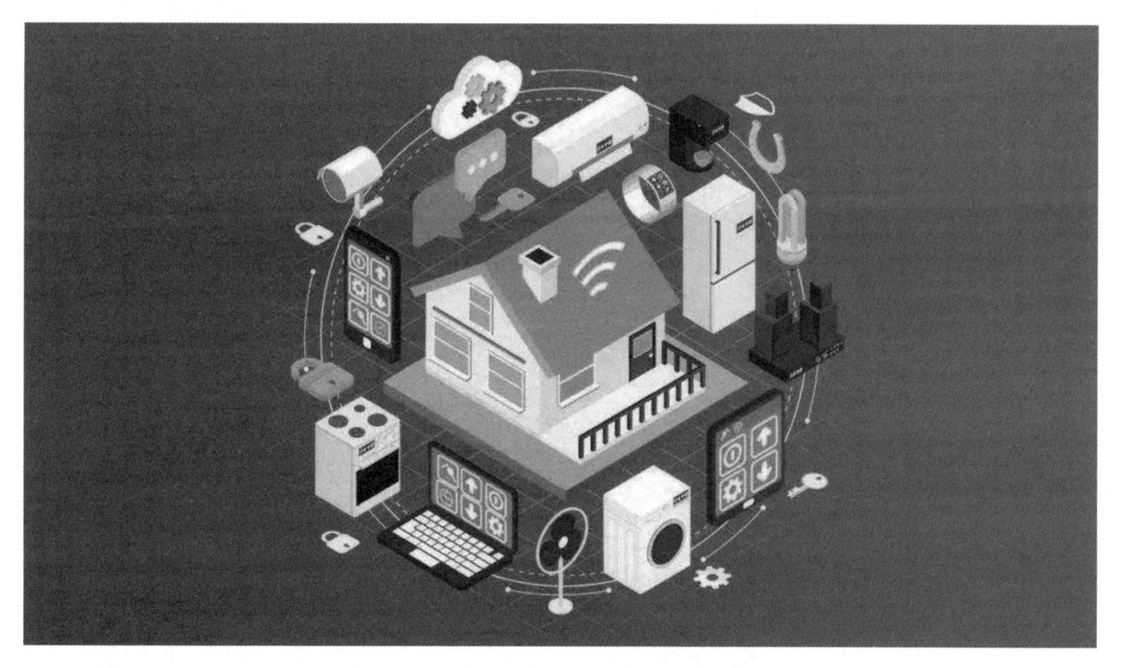

图 1-2-13　智能家居

例如，给常见的家居产品装上远程控制开关，随时随地可以通过手机控制家里的开关，而且开关还会告诉用户每个月用掉了多少电。再如，浸水传感器感应到浸水时，会通过特定平台推送相关信息。

物联网应用于智能家居领域，能够对家居产品的位置、状态、变化进行监测，分析其变化特征，同时根据用户的需要，在一定程度上进行反馈。智能家居不仅具有传统的居住功能，还能帮助家庭与外部保持信息交流，优化人们的生活方式，帮助人们有效安排时间，增强家居生活的安全性。

9）泛在电力物联网

泛在电力物联网（图 1-2-14）利用物联网技术，对电网各个环节的设备进行数据采集，并通过高效通信网络汇聚到云端大数据中心，以物联网大数据增强现有业务系统能力，智能化升级电力网络，创建能源互联网生态体系。

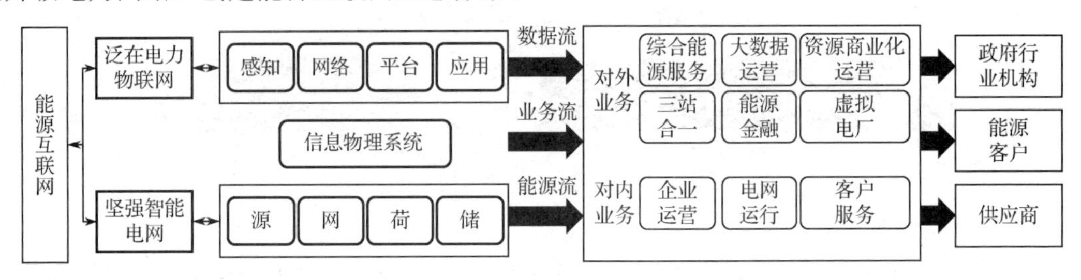

图 1-2-14　泛在电力物联网

10）智慧农业

智慧农业（图 1-2-15）指的是利用物联网、人工智能、大数据等现代信息技术与农业进行深度融合，实现农业生产全过程的信息感知、精准管理和智能控制的一种全新的农业生产方式，可实现农业可视化诊断、远程控制及灾害预警等功能。物联网应用于农业主要体现在两方面——农业种植和畜牧养殖。

图 1-2-15　智慧农业

农业种植通过传感器、摄像头和卫星等收集数据，实现农作物数字化和机械装备数字化（主要指的是农机车联网）。畜牧养殖指的是利用传统的耳标、可穿戴设备及摄像头等收集畜禽产品的数据，对收集到的数据进行分析，运用算法判断畜禽产品健康状况、喂养情况、位置信息及发情期等，对其进行精准管理。

二、物联网的前世今生

活动：

了解一个新兴事物，最好先从它的历史入手。从它的发展历程，可以知道它是怎么来的，经历了什么样的转变，从而发展成现在的状态。物联网的历史并不长，但是它的发展伴随着 IT 技术的不断飞跃，与越来越多的技术领域不断融合，并最终融入人们的生活中。

1. 物联网的兴起与发展

物联网是多学科多技术的综合应用，目前几乎所有的技术都可以融入物联网系统中。从最开始的单个物体识别到将来的万物互联，物联网的发展可能会是一个漫长的过程（表 1-2-2）。

表 1-2-2　物联网发展历程

日　期	事　件
1990 年	施乐公司的网络可乐贩售机（Networked Coke Machine）可以监测机器内可乐是否有货及可乐温度
1991 年	“特洛伊”咖啡壶有一个便携式摄像机，利用计算机图像捕捉技术，将图像定时传递到实验室的计算机上，以方便楼上楼下的工作人员随时查看咖啡是否煮好
1995 年	微软公司创始人比尔•盖茨在《未来之路》一书中对信息技术未来发展进行预测，其中提及了物联网，但因受到当时无线网及传感设备等硬件限制，未引起重视
1998 年	美国麻省理工学院（MIT）提出了基于 RFID 技术的产品电子代码，研究从网络上获取信息的自动识别技术
1999 年	美国建立了自动识别中心（Auto-ID Center），提出了“万物皆可通过网络互联”，首次明确阐述了物联网的基本含义
1999 年	中国科学院启动了传感网研究
2004 年	日本总务省提出了 u-Japan 计划，该计划力求实现人与人、物与物、人与物之间的连接，希望将日本建设成一个随时随地任何物体、任何人均可连接的泛在网络社会
2005 年	国际电信联盟（International Telecommunication Union，ITU）发布了《ITU 互联网报告 2005：物联网》，对物联网的概念进行了较大的拓展，提出了物品的 3A（Any Time，Any Where，Any Thing）化互联
2006 年	韩国确立了 u-Korea 计划，该计划旨在建立“无所不在的社会”，在民众的生活环境里建设智能型网络和各种新型应用，让民众可以随时随地享有科技智慧服务
2007 年	美国在马萨诸塞州的剑桥城打造了第一个城市无线传感网
2008 年	为了促进科技发展，寻找经济新的增长点，各国政府开始重视下一代互联网的技术规划，将目光放在了物联网上。在中国，北京大学举行的第二届中国移动政务研讨会提出：移动技术、物联网技术的发展代表着新一代信息技术的形成，并带动了经济社会形态、创新形态的变革，推动了面向知识社会的以用户体验为核心的下一代创新形态的形成，创新与发展更加关注用户

续表

日　期	事　件
2009年1月	奥巴马就任美国总统后，IBM首席执行官彭明盛首次提出“智慧地球”这一概念，建议新政府投资新一代的智慧型基础设施。美国将新能源和物联网列为振兴经济的两大重点
2009年6月	欧盟执委会发表了欧洲物联网行动计划，描绘了物联网技术的应用前景，提出了欧盟政府要加强对物联网的管理，促进物联网的发展
2009年8月	日本提出了i-Japan战略，强调了电子政务和社会信息服务应用
2009年8月	温家宝总理在无锡视察时提出“感知中国”的理念，无锡市随后建立了“感知中国”研究中心和物联网研究院。物联网被正式列为国家五大新兴战略性产业之一，并被写入政府工作报告
2010年	教育部设立了物联网工程本科
2011年3月	《物联网“十二五”规划》正式发布，明确提出了物联网发展的九大领域
2013年	谷歌眼镜发布了，这是物联网和可穿戴技术的一个革命性进步
2014年	工业和信息化部印发了《工业和信息化部2014年物联网工作要点》，有序指引了物联网发展方向
2015年5月	国务院印发了《中国制造2025》
2017年	中国国家标准化管理委员会发布了GB/T 33745—2017《物联网 术语》，界定了物联网中一些共性的、基础性的术语和定义
2017—2019年	物联网开发变得更便宜、更容易，也更被广泛接受，从而导致整个行业掀起了一股创新浪潮。自动驾驶汽车不断改进，区块链和人工智能开始融入物联网平台，智能手机/宽带普及率的提高将继续使物联网成为未来一个吸引人的发展方向

2. 我国物联网的现状

在我国，物联网得到了政府的高度重视。早在2009年，它就被正式列为我国五大战略性新兴产业之一，并被写入政府工作报告，受到了全社会的极大关注。目前，物联网正广泛应用于我国的电力、交通、工业、医疗、水利、安防等领域，形成了包含芯片和元器件、设备、软件、系统集成、电信运营、物联网服务等在内的较为完善的产业链。另外，我国在地理空间上，已初步形成环渤海、长三角、泛珠三角及中西部地区四大区域物联网集聚发展格局。据预测，我国的物联网产业规模将于2020年突破1.5万亿元。

尽管我国的物联网技术在发展时间上相对于国外起步较晚，在核心技术的掌握能力上稍落后于发达国家，但如今在社会生活中的应用也变得越来越多。共享单车、移动POS机、电话手表、移动售卖机等产品都是物联网技术的实际应用。智慧城市、智慧物流、智慧农业、智慧交通等场景中也用到了物联网技术。

我国的物联网技术在发展中呈现出以下特点。

1）生态体系逐渐完善

在企业、高校、科研院所共同努力下，形成了芯片、元器件、设备、软件、电器运营、物联网服务等较为完善的物联网产业链，涌现出一批有实力的物联网领军企业，初步建成一批共性技术研发、检验检测、投融资、标识解析、成果转化、人才培训、信息服务等公共服务平台。

2）创新成果不断涌现

中国在物联网领域已经建成一批重点实验室，汇聚整合多行业、多领域的创新资源，基

本覆盖了物联网技术创新各环节，物联网专利申请数量逐年增加，2016 年达到 7872 件。

窄带物联网（NB-IoT）引领世界发展，在国际话语中的主导权不断提高。目前，中国三家基础电信企业都已启动 NB-IoT 网络建设，将逐步实现全国范围覆盖，2017 年全网基站数超过 40 万，一批省市已经开始了商用网络。江西鹰潭、福建福州等很多地方政府都支持 NB-IoT 发展，正在推进数十万台基于 NB-IoT 的智能水表部署，西藏正在尝试将 NB-IoT 网络引入牦牛市场。

3）产业集群优势不断突显

无锡、杭州、重庆运用配套政策，已成为物联网发展的重要基地，培育重点企业作用显著。以无锡示范区为例，截至 2016 年拥有互联网企业近 1300 家，从业人员超过 15 万人，构建了比较完整的物联网产业链，物联网产业营业收入超过 2000 亿元。

3．物联网技术发展中存在的问题

物联网技术的发展可以带来巨大的经济效益和社会效益，但要加快和推动物联网的持续发展，还需要解决一些问题，涉及核心技术、信息安全、产品研发等方面。

信息技术的发展促使物联网技术的初步形成，虽然在我国物联网技术发展还处于初级阶段，存在的问题比较多，一些关键技术还处于初始应用阶段，但需要优先发展的是传感器接入技术和核心芯片技术等。

首先，我国现阶段物联网中所使用的物联网传感器的连接技术受距离影响限制较大，由于传感器本身属于精密设备，对外部环境要求较高，很容易受到外部环境的干扰。

其次，我国物联网技术中使用的传感器存储能力有限，随着物联网发展的要求，对信息的存储量要求变大，其存储能力和通信能力还需要继续提高，现有物联网不能满足发展的需求。

最后，物联网技术的发展还需要有大量的传感器对信息进行传输，因此需要发展传感器网络中间技术，不断创新和完善新技术的应用。

三、物联网产业价值及产业链

1．产业价值

首先，物联网的发展会在很大程度上推动互联网与行业领域的结合，这个过程不仅使得互联网能够整合大量的社会资源，同时也会对整个行业领域形成比较明显的影响。由于产业领域的规模非常庞大，所以物联网带来的产业价值空间也将非常大。根据互联网数据中心（Internet Data Center，IDC）全球半年度物联网支出指南的更新数据显示，2018 年全球物联网支出达到 6460 亿美元，2019 年全球物联网支出达到 7450 亿美元，2017—2022 年全球物联网支出将保持两位数的年增长率，并有望在 2022 年超过 1 万亿美元。

从物联网发展的前景来看，未来物联网将在很大程度上扩展互联网的应用边界，在万物互联的大趋势下，整个产业领域将出现更多新的增长点。移动互联网的发展把互联网带到了用户的身边，这个过程就开辟出了巨大的价值空间，基于手机的应用成为了近年来创新的重点领域，一批科技公司也获得了快速的发展。

当前正处在5G通信落地应用的初期，5G引入了确定性体验保障的能力，通过大带宽和低时延，使得无人机巡航、远程医疗、自动驾驶、工业智造等物联网业务成为了可能，给垂直行业带来了数字化转型契机。由于5G的通信标准在很大程度上支持了物联网的发展，所以5G时代也被认为是物联网时代，而且物联网作为产业互联网的重要基础，在产业结构升级的大背景下，物联网领域必然会受到更多的关注，相关的创新、创业机会也会更多。5G通信的落地应用将为物联网的发展奠定一个扎实的基础，这将促使物联网与移动互联网全面整合，也将加快物联网的落地应用步伐。2018年中国物联网市场规模达到1.43万亿元，预计到2020年，中国物联网的整体规模将超过1.8万亿元。

2. 人才需求

物联网是当下热门领域之一，人才的需求量更是不断上升。在国家2019年4月公布的13个新职业中，与之相关的就有两个：物联网工程技术人员、物联网安装调试员。

作为当今世界经济和科技发展的战略制高点之一，物联网产业覆盖从传感器、控制器到云计算的各种应用，其产品服务于智能家居、交通物流、环境保护、公共安全、智能消防、工业监测、个人健康等多个领域，具有十分广阔的市场和应用前景。据知名咨询及分析机构Gartner的测算，预计到2020年，全球物联网设备的数量将达204亿个，是世界人口的3倍以上。

随着科技的不断进步及政策的大力支持，物联网产业还将迎来巨大的发展，而这自然会带来物联网人才需求量的快速增长。据全球产业资讯关键信息服务供应商HIS公司预测，未来五年，全球物联网人才需求量将达1000万人以上。据我国政府部门的统计，我国嵌入式人才缺口每年为50万人左右，而人才供给量远远不够，未来几年，物联网技术将在社会各领域广泛普及，因此人才仍将非常紧缺。

3. 物联网产业链

物联网技术是支撑“网络强国”和“中国制造2025”等国家战略的重要基础，在推动国家产业结构升级和优化过程中发挥着重要作用。物联网是新一代信息技术的高度集成和综合运用，对新一轮产业变革和经济社会绿色、智能、可持续发展具有重要意义。全球各国高度重视物联网发展，积极进行战略布局，以期把握未来国际经济科技竞争主动权。据了解，2018年全球物联网设备已经达到70亿台，到2020年，活跃的物联网设备数量预计将增加到100亿台，到2025年将增加到220亿台。

从产业规模来看，全国物联网近几年保持较高的增长速度。2013年，中国物联网产业规模达到5000亿元，同比增长36.9%，其中传感器产业突破1200亿元，RFID产业突破300亿元；2014年，国内物联网产业规模达到6000亿元，同比增长24%；截止到2015年年底，随着物联网信息处理和应用服务等产业的发展，中国物联网产业规模增至7500亿元(图1-2-16)，“十二五”期间年复合增长率达到25%。

“十三五”以来，我国物联网市场规模稳步增长，到2018年中国物联网市场规模达到1.43万亿元。根据工业和信息化部数据显示，截至2018年6月底，全国物联网终端用户已达4.65亿户。预计2020年中国物联网市场规模将突破2万亿元。预计“十三五”期间年均复合增长率达24%。

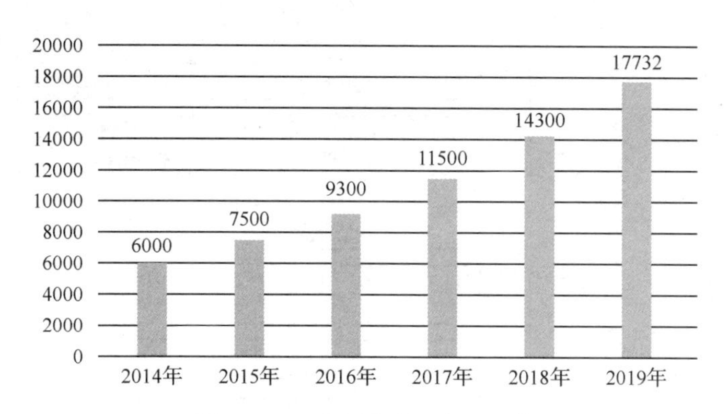

图 1-2-16　中国物联网产业规模

近几年来，物联网概念成为了智慧城市和信息化整体方案的主导性技术思维。当前，物联网已由概念炒作、碎片化应用、闭环式发展进入跨界融合、集成创新和规模化发展的新阶段，与中国新型工业化、城镇化、信息化、农业现代化建设深度交汇，在传统产业转型升级、新型城镇化和智慧城市建设、人民生活质量不断改善方面发挥了重要作用，取得了明显的成果。

从产业链来看，中国已形成包括芯片、元器件、设备、软件、系统集成、运营、应用服务在内的较为完整的物联网产业链（图 1-2-17），各关键环节的发展也取得了重大进展。M2M服务、中高频 RFID、二维码等环节产业链业已成熟，国内市场份额不断扩大，具备一定领先优势；基础芯片设计、高端传感器制造、智能信息处理等相对薄弱环节与国外差距不断缩小，尤其在高温传感器和光纤光栅传感器方面取得了重大突破；物联网第三方运营平台不断整合各种要素，形成有序发展局面，平台化、服务化的发展模式逐渐明朗，成为了中国物联网产业发展的一大亮点。

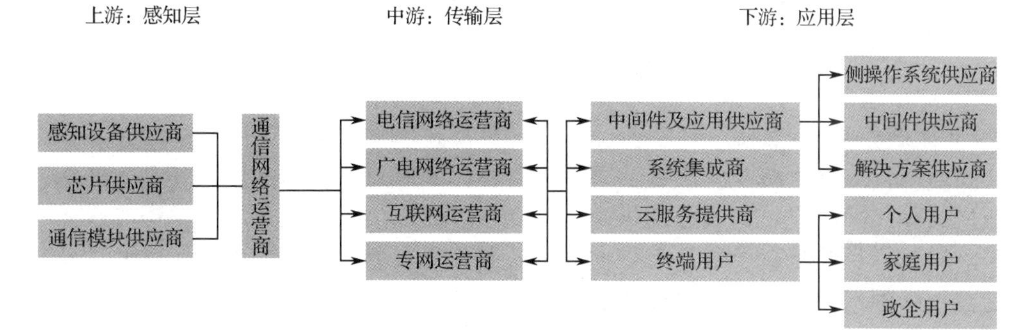

图 1-2-17　物联网产业链

1）物联网产业链上游

物联网产业链上游是感知层，在感知层，主要的参与者是感知设备供应商、芯片供应商和通信模块供应商。物联网芯片领域受关注最多的是传感芯片和无线通信芯片。物联网芯片供应环节包括芯片设计、芯片制造、芯片封装测试，传感器类型主要包括惯性传感器、环境传感器、压力传感器、麦克风等，无线模组包括通信模组与定位模组。产业链上游厂家如图 1-2-18 所示。

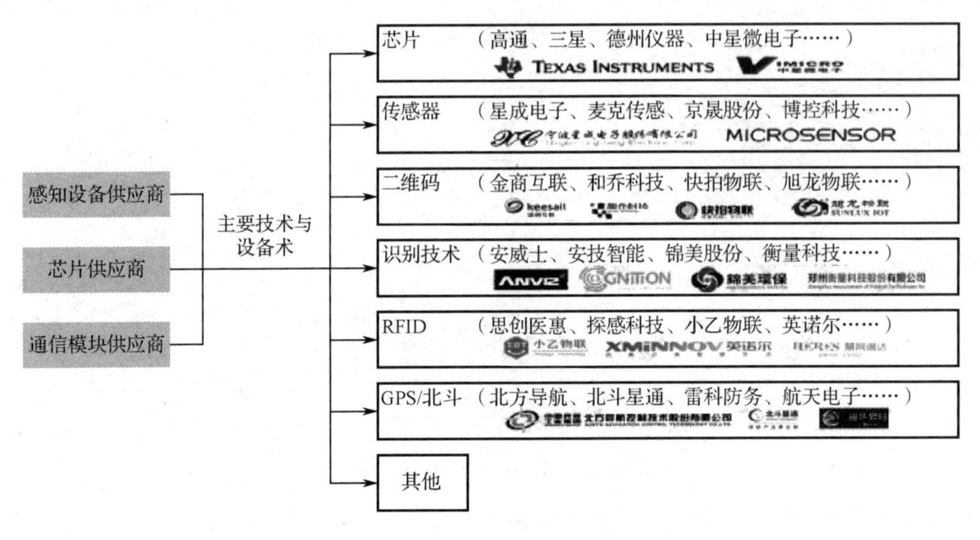

图 1-2-18　产业链上游厂家

2）物联网产业链中游

物联网的核心网络不是目前的移动通信网络的核心网，也不是以互联网业务特点复制的网络形态。虽然很多公司看到了物联网络的重要性并进行了布局，但大部分都还处于试验阶段，很多运营商也只是象征性地将物联网作为移动网络上的一个附属服务。产业链中游厂家如图 1-2-19 所示。

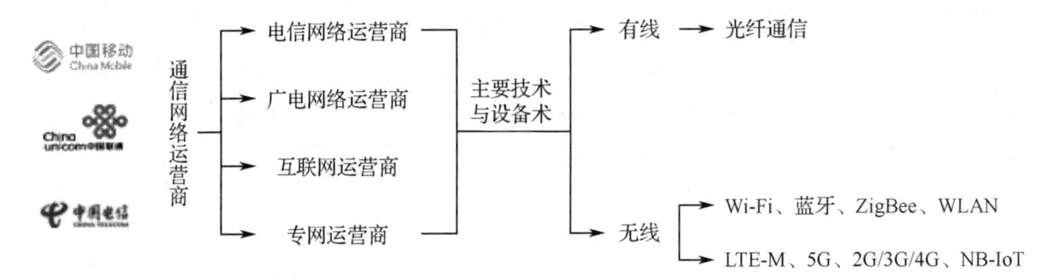

图 1-2-19　产业链中游厂家

3）物联网产业链下游

在物联网产业链下游（应用层）有四类角色：云服务提供商、中间件及应用供应商、系统集成商和终端用户。云服务提供商是物联网产业链上的新角色。云服务的投入和回报周期相对较长，目前只有少数几家以物联网云服务为主营业务的提供商。中间件及应用供应商是由技术领域向行业领域扩展的这样一类厂商，它们会了解行业需求，与设备厂商沟通，最终给出合理的方案。系统集成商通过对物联网案例的深入研究，可以将物联网技术发挥出来，并以此为突破将物联网技术渗透到整个行业。

从产业应用情况来看，市场需求、成本、标准化、技术成熟度、商业模式是影响物联网应用规模化推广的主要因素。目前，物联网已较为成熟地运用于安防监控、智能交通、智能电网、智能物流等。在物联网各领域中，M2M 和车联网展现出强大的市场内生动力，全面推广的各方面条件基本具备，成为物联网应用的率先突破方向。

目前，物联网主要应用于个人、办公、汽车、物流、消费、资环、家庭、工厂和城市九大方面，全球物联网产值为 4 万亿～12 万亿美元。

物联网市场规模如图 1-2-20 所示。

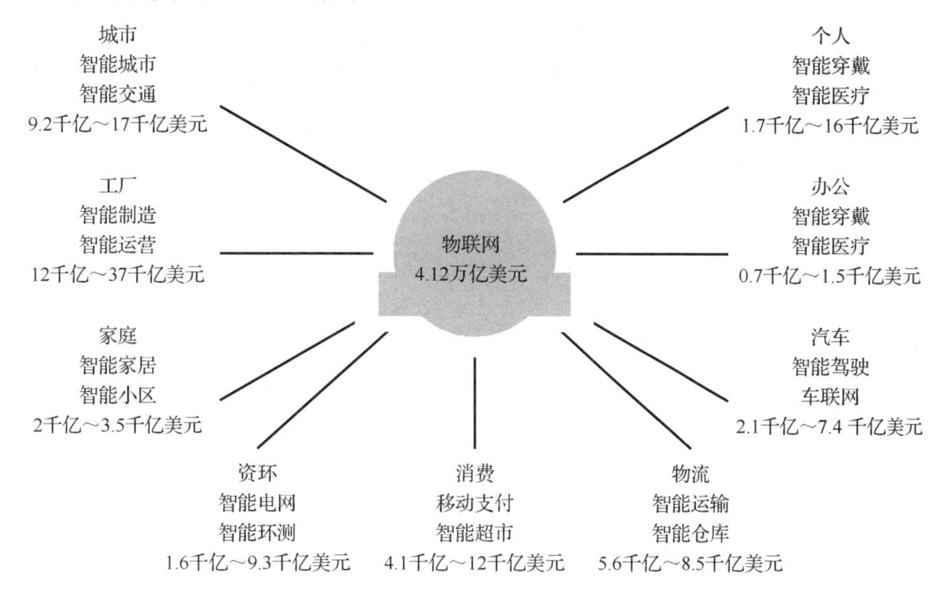

图 1-2-20　物联网市场规模

4）中国物联网战略地位

在物联网行业，中国始终对信息产业持积极的态度，中国的物联网通信产业在经历了“2G 落后、3G 追赶、4G 持平”的阶段之后，目前正在朝着“5G 超越”的目标快速前进。华为、中兴、高新兴、大唐电信等一大批中国的通信企业，已经全面参与到新一代物联网的全球标准制定中，并且由于中国庞大的市场空间，和对于新兴技术的高度开放，以及中国政府强大的规划、协调和推动能力，中国正在成为全球最大的物联网试验场、最大的物联网潜在市场，中国在全球物联网产业的话语权也越来越大。

但是现实情况是，虽然华为、中兴等大批中国物联网相关企业已经掌握了大量的高新技术，中国在该方面的知识产权也越来越多，但在全球协作分工的格局中，信息技术行业的产业链上游仍由美、日主导，如半导体产业前十名企业中，美国企业有 4 家，日本企业有 5 家，没有中国企业，英特尔、高通、博通占据前三名。

四、中等职业学校物联网技术应用专业岗位及能力清单

活动：

作为一名物联网技术应用专业的学生，在简单学习了物联网的相关知识后，有没有想过你将来要在这个行业中从事什么样的工作？这个工作可能需要什么样的能力？你现在是否能够胜任？

1. 中等职业学校物联网技术应用专业

2019 年年初，根据《中等职业学校专业设置管理办法（试行）》，教育部组织开展了《中等职业学校专业目录（2010）》修订工作，研究确定增补 46 个新专业，信息技术类新增四个专业，含物联网技术应用，具体见表 1-2-3。

表 1-2-3　物联网技术应用专业

序　　号	专 业 类	专 业 代 码	专 业 名 称	专业（技能）方向举例
26	09 信息技术类	091900	物联网技术应用	物联网产品生产和工程施工 物联网产品维修和设备维护 物联网项目辅助开发 工业物联网技术应用 农业物联网技术应用

2019 年上半年，人力资源和社会保障部办公厅等三部门联合发布了 13 个新职业信息，其中就有新增的物联网工程技术人员，对该职业的定义为：从事物联网架构、平台、芯片、传感器、智能标签等技术的研究和开发，以及物联网工程的设计、测试、维护、管理和服务的工程技术人员，并明确指出了该职业的 7 大主要工作任务：

（1）研究、应用物联网技术、体系结构、协议和标准；

（2）研究、设计、开发物联网专用芯片及软硬件系统；

（3）规划、研究、设计物联网解决方案；

（4）规划、设计、集成、部署物联网系统并指导工程实施；

（5）安装、调测、维护并保障物联网系统的正常运行；

（6）监控、管理和保障物联网系统安全；

（7）提供物联网系统的技术咨询和技术支持。

以上是近年来中等职业学校物联网专业和职业相关的正式文件内容，从中可以看出中等职业学校物联网技术应用专业技能方向较多，新职业的工作任务范围较广，毕业生的选择面也较宽。

2. 中等职业学校物联网技术专业岗位分析及能力描述

活动：

王强是某中等职业学校物联网专业新生，为了能在毕业时找到一份心仪的工作，他决定从入学时就规划一下自己的发展方向。首先，他打开智联招聘、前程无忧、拉勾网等知名招聘网站，输入关键词“物联网”，在搜索结果中找到一些自己有意向的招聘岗位，参照这些招聘需求，同时结合自己的个人能力和专业课程，王强拟订了一个详细的年度学习计划。机会总是留给有准备的人，我们相信王强将来一定能够找到自己理想的工作，在物联网行业成就一番事业。

1）能力

从物联网专业的角度出发，有专业核心能力和职业核心能力，见表 1-2-4。其中，对于职业核心能力，不同国家有不同的定义。

表 1-2-4　物联网专业相关能力

能　　力	分　　类	具体要求	
专业核心能力	知识结构	具有基础英语听说能力	
		掌握专业所需的数学、物理等基础知识	
		掌握专业所需的程序设计等基础知识	
		掌握专业所需的办公软件技术等基础知识	
		掌握物联网传感网技术、感知设备功能等基础专业知识	
		掌握物联网设备安装与配置、规划与工程实施等基本知识	
	能力结构	专业应用能力	计算机操作与应用能力
			物联网系统设备的管理维护能力
			基础网络设备的配置管理能力
			阅读一般技术性资料和简单口头交流能力
			常见物联网应用系统的日常管理及产品营销能力
			物联网系统集成和初级开发能力
		解决问题能力	良好的语言表达能力
			较强的团队协作能力
			自主学习和创新能力
职业核心能力	中国	与人交往	
		数字应用	
		信息处理	
		与人合作	
		解决问题	
		自我学习	
		革新创新	
		外语应用	
	澳大利亚	收集、分析与组织信息的能力	
		沟通观念与信息的能力	
		计划与组织活动的能力	
		在团体中工作的能力	
		运用数学概念与技巧的能力	
		解决问题的能力	
		运用科技的能力	
		理解不同文化的能力	
	新加坡	读写和计算能力	
		信息交流技术	
		解决问题与决策	
		积极进取与创业	
		与人沟通和人际关系管理	
		终身学习	

续表

能　　力	分　　类	具体要求
职业核心能力	新加坡	全球化意识
		自我管理
		心理平衡技能
		健康与安全工作能力
	美国	沟通
		解决问题及思辨能力
		信息技术应用
		系统
		安全、健康和环境
		领导力、管理和团队工作
		道德或法律责任
		就业能力和职业生涯发展

2）从产业链看就业岗位

一个行业的健康发展需要健全完整的产业链，产业链上各个环节的企业类型不同，人才需求的标准也不同。下面从物联网的产业链来分析一下所需的技能人才。

通信芯片及传感器等基础硬件提供商：这类企业侧重技术研发，一般招聘研究生学历以上、具有电子类专业背景的技术人才。

终端设备提供商：这类企业数量多，面向各类细分行业，主要以中小创业型企业为主。这类公司用人标准灵活，尤其缺乏具有硬件选型、集成开发及工程管理能力的技术人才。

网络提供商：国内除三大电信运营商涉足这一领域外，近几年也有不少面向交通、电力、能源等专业传输网络的专网建设。这类企业用人量大，对于工程基础能力要求高，具有工程管理经验的人才尤为受欢迎。

软件与应用开发商：由于物联网应用的行业特征比较明显，因此，应用软件开发商也主要针对特定行业的企业，提供专门的产品解决方案，需要较强的行业基础知识和软件开发能力。

系统集成商：这类企业根据客户需求，将实现物联网的硬件和软件集成为一个完整解决方案提供给客户。这类公司需要的人才层次多，一方面需要具有系统研发能力的高端人才，另一方面需要大量系统集成、工程项目实施及管理的技术服务型人才。

物联网服务及运营商：目前，受限于国内物联网应用的推广，这类企业还没有发展起来。未来，随着物理网应用范围的不断扩大，运行状态、升级维护、故障定位、维护成本、运营成本、决策分析、数据保密等岗位的需求将越来越多。

随着物联网行业的动态发展，物联网专业就业方向也在动态变化，行业需求也逐渐从原来的围绕技术开发转变为立足行业具体应用。就业岗位也从单一产品技术岗位逐步扩大到系统集成等技术融合类岗位。表 1-2-5 根据物联网产业链各类企业的需求列出了中等职业学校学生的典型就业岗位及岗位能力要求。

表 1-2-5　中等职业学校学生物联网就业岗位及岗位能力要求

序　　号	岗　位　群	典型工作任务	岗　位　描　述	职业能力要求及素养
1	岗位群 1：物联网硬件测试	物联网产品测试	负责系统软件、硬件和传感器装置的集成调试	了解物联网系统的体系结构设计，掌握系统调试的基本流程与技巧，具有团队合作的精神
2	岗位群 2：物联网产品辅助研发	物联网配套软件研发	主要负责物联网配套软件辅助设计与开发测试	熟悉软件研发过程及相应工具，掌握软件编程语言，掌握数据库应用知识，有良好的逻辑思维能力及团队合作精神
3	岗位群 3：物联网系统解决方案	物联网应用系统的维护	负责物联网应用系统硬件和软件的日常维护工作	熟悉物理网产品设备（如传感器）的基本应用技巧，具有维护物联网应用系统后期硬件和软件的能力、协调交际能力及其他相关能力与技能
4		传感器技术支持	负责传感器的采购、售前、售后维护等技术工作	了解传感器的工作原理，掌握传感器测量技术，具备团队协作和协调能力
5		物联网及传感网的构建	负责无线网络与移动设备的构建、组网等工作	具备无线网络的基础知识，掌握网络组建的基本能力，具备团队协作、协调能力
6		物联网相关产品及售后维护人员	根据客户需求进行物联网相关产品的配置、安装	硬件组装维护能力、协调能力及其他相关能力与技能
7		物联网相关产品使用人员和维护人员	负责本单位物联网系统的日常维护，进行一些基本的故障维修	熟悉本单位物联网系统的特点和使用规则，具备基本的故障维修能力、设备使用文档管理能力及较强的协调能力和文字处理能力
8	岗位群 4：产品销售	物联网相关产品销售人员	负责建立客户关系，能根据客户的需求为客户推荐其感兴趣的产品，突出产品优势	熟悉物联网相关产品的名称、特点，熟悉公司的销售流程，具有基本的销售技巧。作为销售团队中的辅助力量，负责客户关系维护

练一练

畅想未来的物联网。

你希望未来的物联网世界是什么样子的？发挥你的想象力，描绘一下你心目中的未来物联网世界。

五、从手动风扇到自动风扇

（一）手动控制风扇启停

活动：

通过手动启动风扇，了解电路连接的相关知识。

扇子在我国的历史源远流长，远古时代人们为了遮挡夏天当头的骄阳，就摘取宽大的植物叶子，或者对长长的禽类羽毛进行加工，用以障日引风，所以古代扇子有“障日”之称。此后经过几千年的演变、完善、改进，已发展成为有几百种样式的扇子家族，并在生活中形成了独特的扇子文化。图 1-2-21 为扇子的演变历程。

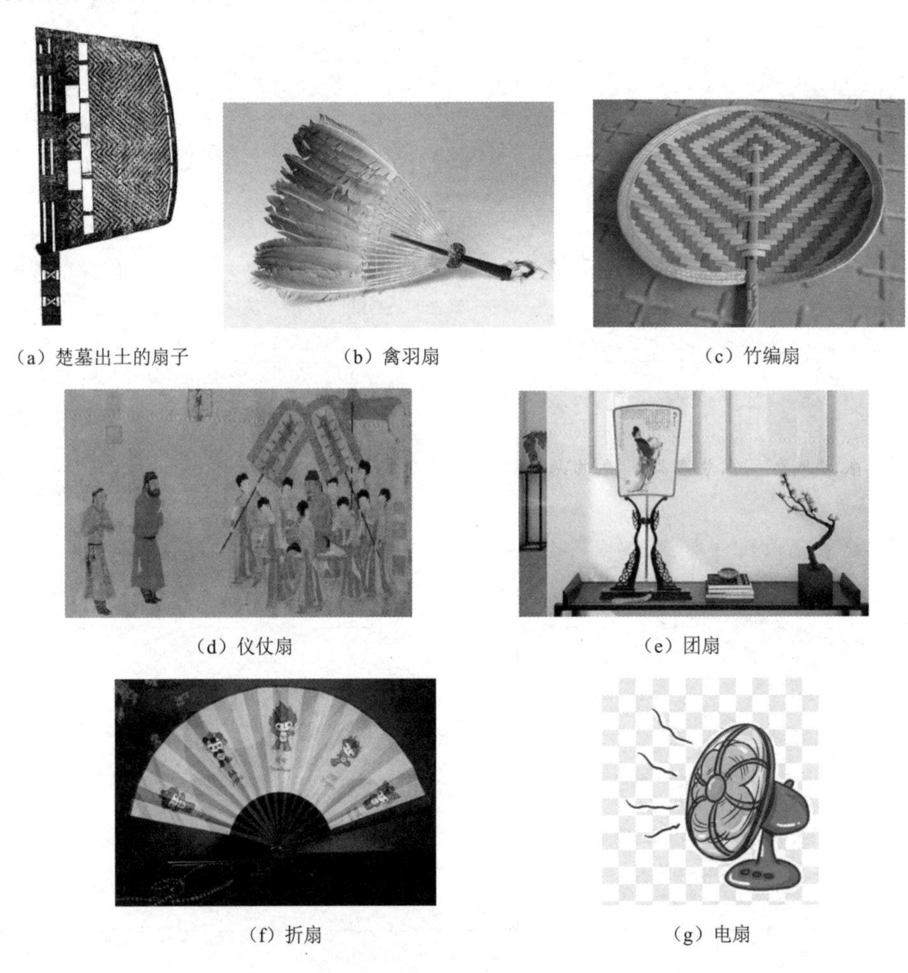

（a）楚墓出土的扇子　（b）禽羽扇　（c）竹编扇

（d）仪仗扇　（e）团扇

（f）折扇　（g）电扇

图 1-2-21　扇子的演变历程

风扇是一种通过电动机带动扇叶旋转，从而加速空气流通的设备。

风扇主要由扇头、叶片、网罩和控制装置等部件组成。根据用途不同，风扇可以分为家用风扇和工业风扇，根据电源不同可以分为直流风扇、交流风扇和交直流风扇等。

1．风扇电路的组成

风扇电路中有电源、负载、控制开关等，并用合适的导线构成通路以保证电路正常工作。

2．手动控制风扇的特点

手动控制风扇因为电路简单，故障率低，经济成本较低，易于操作，所以在日常生活小家电等领域应用较多。

但是手动控制风扇因为受人为因素的影响，受制于操作人员自身的经验、感觉等主观因

素，对于精确度要求较高、产品具有一致性要求、动手操作有一定安全隐患的工业生产场合，就满足不了要求。现代生活和工业生产对于智能化、便捷化、自动化越来越高的要求，使手动控制设备越来越多地被自动控制设备所替代。例如遥控风扇、自动定时开关机风扇，能够根据外界温度、压力、流量、液位、电压、位移、转速等的变化自动启停。图 1-2-22 和图 1-2-23 分别为汽车水箱散热风扇和笔记本电脑散热风扇。

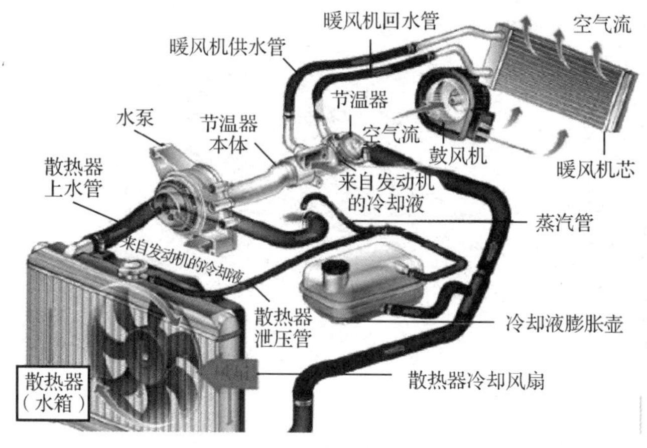

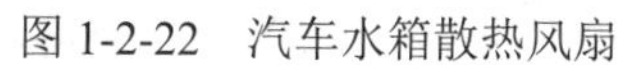
图 1-2-22 汽车水箱散热风扇

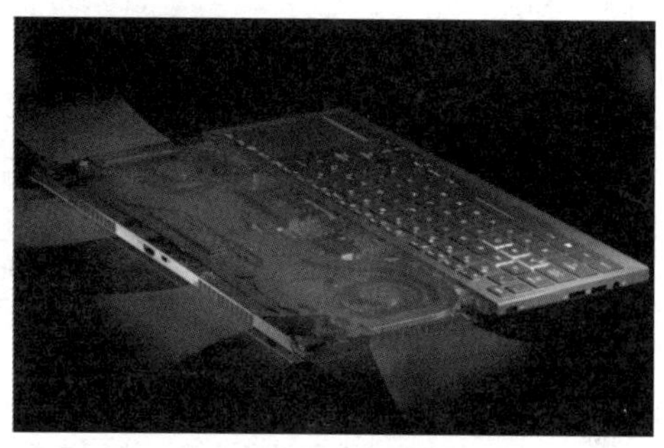
图 1-2-23 笔记本电脑散热风扇

拓 展

为了散热，科技巨头都把数据中心放在哪里

据统计，全球数据中心总共耗费的电力已经占全球电力总量的 1.5%，相当于法国一年的使用量，其中很大一部分都被数据中心的散热冷却系统消耗，这也意味着要花费相当的成本，以及要背负为生产巨额电量而产生的环保代价。

为了维持机房适宜的温度，避免上千台服务器宕机，科技公司往往要支付巨额的空调费用。因此，越来越多的公司将数据中心建在人烟稀少的高纬度地区，希望利用外部空气来降低冷却成本。此外，地面上数据中心占地太大，土地租金、人力和水电等成本都让人头疼。

如何节约成本来维持数据中心温度适中呢？

建在水下：多年来，微软一直致力于水下数据中心的研究。早在 2015 年 8 月，微软就在加州部署了第一个水下服务器原型，代号为 Project Natick。2018 年 6 月，微软又在苏格兰奥克尼群岛海岸线附近的水域中部署了一个类似潜水艇的数据中心（图 1-2-24）。

我国千岛湖地区年平均气温在 17℃，深层湖水常年恒温。阿里巴巴在这里建立了一座数据中心（图 1-2-25），建筑面积为 30000m^2，共 11 层，可容纳至少 5 万台设备，足以让数据中心 90%的时间都不依赖湖水之外的制冷能源，制冷能耗节省超过八成。

建在北极：瑞典常年低温，冬天平均气温达−20℃。Facebook 在瑞典建立了一个离北极圈仅 100km 的数据中心 Node Pole，由数以千计的矩形金属板组成，长 300m，宽 100m，有四个足球场大，就像一个外表不规则的飞船。

建在山洞：腾讯则在气候凉爽，年平均气温在 15.1℃的贵州省贵安新区隧洞内建造了面积超过 30000m^2 的七星绿色数据中心，总占地面积约为 770 亩（1 亩≈666.67m^2）。

图 1-2-24 微软的潜水艇式数据中心

图 1-2-25 阿里巴巴的数据中心

练一练

风扇电动机的正反转

若是单相电动机，直接调换正负极接线即可实现反转。

若是三相电动机，调换任意两相的接线即可实现反转。

（二）远程控制风扇启停

活动：

通过互联网连接物联网云平台，实现远程控制风扇启停。

情境导入：五一假期到了，阳光明媚，风和日丽，小王一家开着汽车去外地度假。刚到目的地，突然想起家里风扇忘记关了，专门为关闭风扇回去心有不甘，但是不关风扇不但费电，而且会带来安全隐患。

1. 原理

如图 1-2-26 所示，风扇与触摸开关、电源、继电器形成本地手动控制回路，电路接通后通过触摸开关给继电器发出高低电平指令，控制继电器通断，从而实现控制风扇的启停。

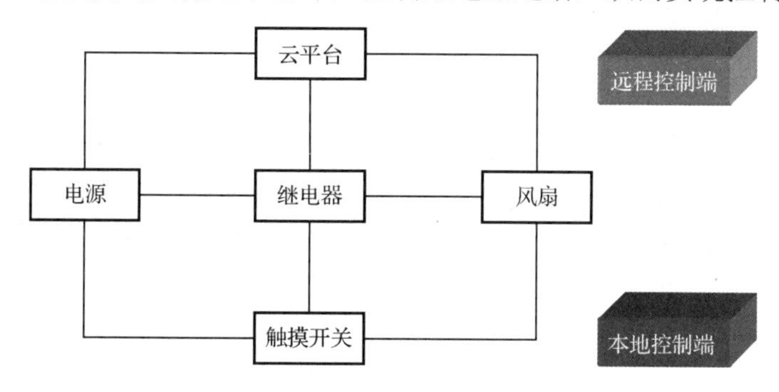

图 1-2-26　远程控制风扇原理示意图

要想从远程控制端控制风扇的启停，需要借助有线或者无线网络，通过远程控制继电器上的网络模块，控制继电器通断。可以给继电器加上 Wi-Fi 模块，让继电器通过家里的 Wi-Fi 连接到物联网云平台，这样，只要身边有网络，就可以通过手机等智能终端登录互联网访问云平台，从而实现控制风扇的启停。

2. 设备与连接配置

1）设备准备

物联网开关（带有 Wi-Fi 模块的继电器），12V 直流风扇，直流稳压电源，触摸开关，导线（杜邦线），远程控制端（手机等移动终端），如图 1-2-27 所示。

2）设备连接

① 拆下 Wi-Fi 模块，观察物联网开关电路板背面的输入、输出标志（IN 为输入端，OUT 为输出端，+为正极，−为负极）。

② 分别将电源线的正负极连接到物联网开关的输入端，红色线接正极，黑色线接负极（注意先不要连接电源）。然后把 Wi-Fi 模块重新安装回去，安装时注意插针不要弯曲。

③ 在物联网开关的输出端接上风扇（正负极标注在 PCB 板反面，先不要通电）。

④ 检查供电跳线。因为风扇的额定电压为 12V，所以要将跳线帽换到 12V 上。

⑤ 将触摸开关接到物联网开关多功能数据接口。

（a）直流稳压电源

（b）12V 直流风扇

（c）物联网开关

（d）导线

（e）触摸开关

图 1-2-27　设备准备

触摸开关接口如图 1-2-28 所示。

VCC：外接供电电源输入端。

I/O：数字信号输入/输出端。

GND：电源地。

物联网开关接口如图 1-2-29 所示。

图 1-2-28　触摸开关接口

图 1-2-29　物联网开关接口

将触摸开关按图 1-2-30 所示接到物联网开关接口上。

图 1-2-30　物联网开关与触摸开关连接图

⑥ 检查上电。接线完成后，再次确认跳线帽位置，然后通电。这时会看到物联网开关的灯亮，说明已开始工作。

硬件连接完毕，接下来进行网络配置。

3）物联网开关网络配置（图 1-2-31）

① 连接物联网开关自身热点，让手机与 Wi-Fi 模块实现“握手”。

如图 1-2-32 所示，物联网开关通电后，会在很短时间内自动生成一个“ESP”开头并且没有密码的 AP 热点。打开手机的 Wi-Fi 管理界面，点击连接该 AP 热点，然后就可以进入管理平台进行配置了。

图 1-2-31　物联网开关网络配置

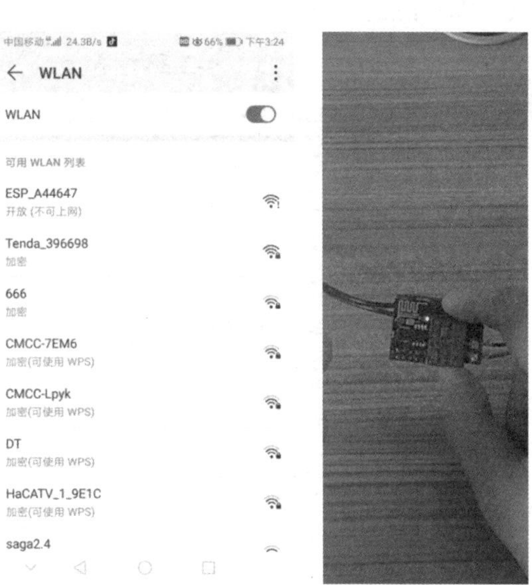

图 1-2-32　手机与 Wi-Fi 模块实现握手

② 进入物联网管理平台。

下面提供了两种方案。

一种方案是手机端搜索“疯狂物联”App，安装后打开该物联网管理平台，但是没有配置之前它会显示“网页无法打开”，接下来点击右上方的“+”，然后在出现的对话框中点击“无网控制”，即可进入物联网管理平台界面（图 1-2-33）。

另一种方案是使用手机端浏览器，在浏览器地址栏中输入 192.168.4.1，进入设备的配置页面。

图 1-2-33　物联网管理平台界面

③ 配置物联网管理平台。

输入可以正常上网的 Wi-Fi 名称及 Wi-Fi 密码，然后复制编码（在之后的添加设备中会用得上），最后点击保存，如图 1-2-34 所示。

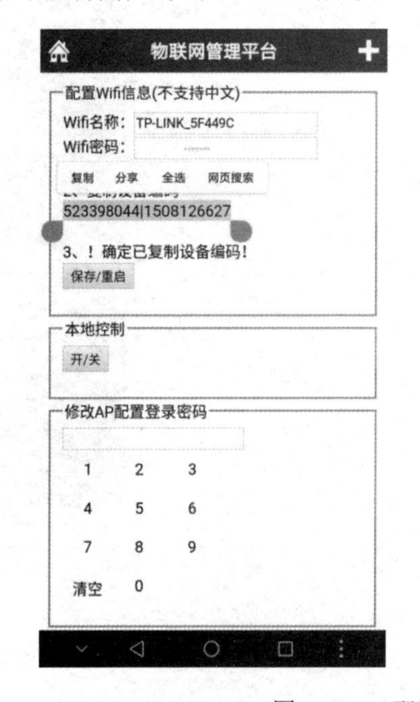

图 1-2-34　配置物联网管理平台

提示：如果连接不成功，物联网开关上面的蓝色 LED 灯会闪烁，直到连接成功后蓝色 LED 灯自动熄灭。

④ 进入物联网管理平台界面，点击左下角的“添加设备”，弹出的对话框如图 1-2-35 所示，按照上面的提示添加设备，填写设备名称（可自定义，如物联网小风扇）和粘贴设备编码（在上个步骤中复制的编码），最后点击“保存设备”。

图 1-2-35　添加设备

⑤ 退出对话框后，还是看不到添加的设备。点击刷新按钮，就可以看到添加的设备了。

4）最后成果（图 1-2-36）

① 本地手动控制：按下红色的触摸开关，风扇启动，再次按下触摸开关，风扇关闭，实现了本地手动控制风扇的功能。

② 远程手动控制：通过手机端登录物联网管理平台，实现远程开启或关闭的功能。

图 1-2-36　最后成果

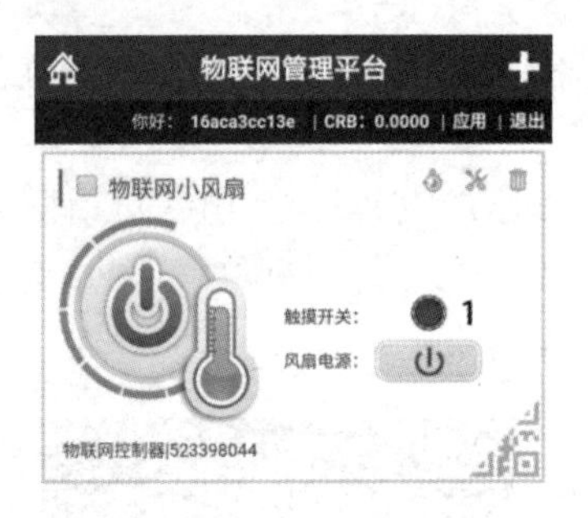

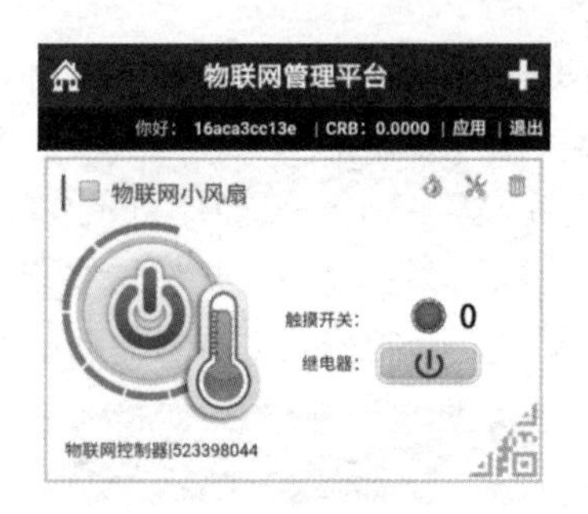

图 1-2-36　最后成果（续）

3. 讨论

借助无线网络通信技术和智能化管理平台，可以通过控制物联网开关实现远程控制电源的通断。其中，网络连接主要起到桥梁的作用，智能化管理平台主要起到双向翻译的作用，把人们的意图或想法翻译成机器能够识别的语言，并通过网络连接传输给想要控制的设备，或者把设备的情况通过无线通信技术发送给云平台，再由云平台翻译为用户能够看懂的图形化语言，便于实现控制和管理。物联网架构的雏形如图 1-2-37 所示。

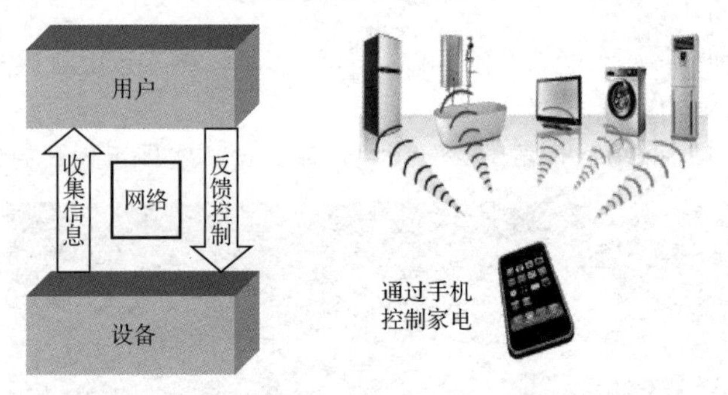

图 1-2-37　物联网架构的雏形

1）信息数据的传输

过去几百年间，通信技术经历了天翻地覆的发展，古代人千里传音的梦想变成了现实。人们通过“烽火传讯”“信鸽传书”“击鼓传声”等建立了可达性通信系统，到了 19 世纪中叶，随着电报、电话的发明以及电磁波的发现，人类通信领域产生了根本性的巨大变革，人类的信息传递可以脱离常规的视、听觉方式，以电信号作为新的载体，带来了一系列技术革新，开始了人类通信的新时代。利用电和磁的技术实现通信是近代通信的标志。20 世纪 80 年代，随着数字传输、程控电话交换通信技术的应用，人们进入了移动通信和互联网通信时代。进入 21 世纪，从人与人的通信时代，跨入了物与物互联、感知的智能时代。

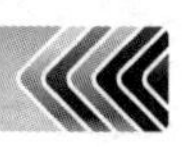

2）信息数据的应用

工业环境、生活环境中部署着成千上万的检测设备，每分每秒都在产生大量的数据，这些温度、湿度、监控视频、电力等数据通过有线或无线网络传输的方式，传输并存储到后台服务器，智能软件对收集起来的大数据进行清洗、挖掘、分析，得到有用的信息，再从中提炼、总结，形成有指导意义的信息。

小贴士

物联网开关设置常见的问题如下。

（1）需要修改 Wi-Fi 名称或者 Wi-Fi 密码，怎么办？

一种方法是关闭路由器，重新生成物联网开关的 AP 热点，编辑即可。另一种方法是把它移动到无法上网的地方。

（2）没有复制编码，怎么办？

断网，然后物联网开关会自动生成 AP 热点，再次连接、编辑即可。

（3）如果需要控制 220V 家用电器，则需要用到固态继电器，其接线如图 1-2-38 所示。

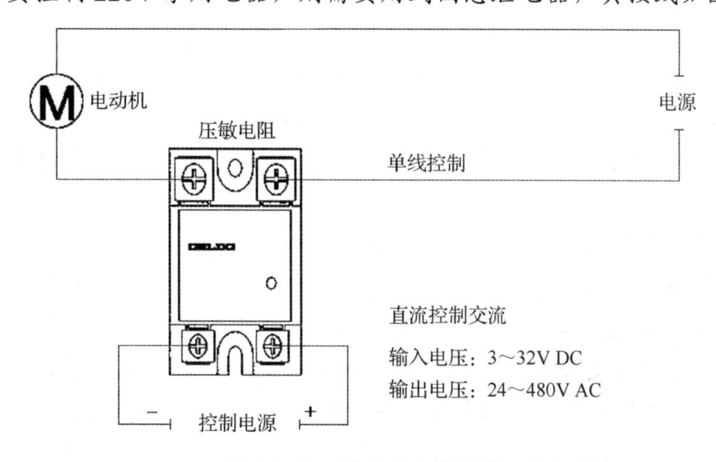

图 1-2-38 固态继电器接线

拓 展

（1）物联网通信方式。

物联网要实现万物互联，就一定需要网络层。物联网设备种类很多，通信的要求不一致。有需要快速连接、数据传输量大的设备，如计算机、视频设备，需要高速率、低延迟、高可靠性的通信方式；也有数据量不大、及时响应性要求不高的设备，如智能家居的智能抄表设备、智慧城市的环境监测设备等，需要自动连接、低功耗、支持无线传输的技术，并且这类设备的数量非常大。

早期的物联网通信是两个或多个设备之间在近距离内的数据传输，大多采用有线方式，后期考虑设备可随意移动，更多使用无线方式。

常见的物联网通信方式如图 1-2-39 所示。

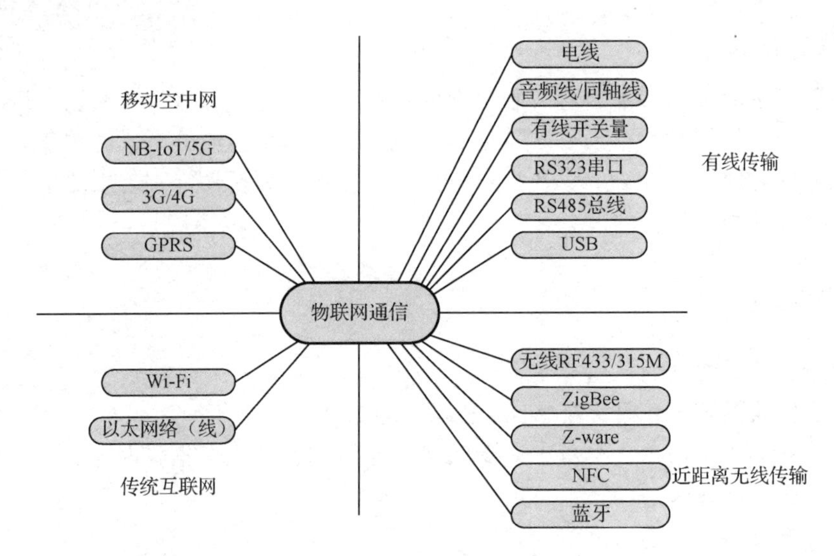

图 1-2-39　常见的物联网通信方式

① 有线传输：需要数据线路，使用不方便。

② 近距离无线传输：有距离限制，无法远距离通信。

③ 传统互联网：需要接入主干网络，设备之间不能直接通信。

④ 移动空中网：需要接入主干网络，设备之间不能直接通信。

最理想的物联网通信形式是：物与物之间直连，抛弃主干网络，直接远距离无线传输。

（2）IPv4 与 IPv6。

物联网是以互联网为基础的万物互联的网络，给每一台设备赋予一个 IP 地址，让每一台设备可寻址是保证万物互联的基础。

目前，全球 IPv4 地址已耗尽，这个问题不解决，地址危机将直接影响全球互联网的发展。

物联网设备数量之多超乎想象，除了计算机，手机、穿戴设备、物联网硬件使用的各种 SIM 卡、物联网卡、NB-IoT 卡等都需要占据独立的 IP 地址，才能实现万物互联。很明显，需要更多的 IP 地址，以满足今天爆炸式增长的互联网设备访问网络的需求。IPv6 是互联网协议的第六版，将 IPv4 的 32 位地址格式扩大到 128 位，IPv6 有 2 的 128 次方个地址，相当于地球上每平方米可以获得 10 的 26 次方个地址，也就是说，地球上的每一粒灰尘都可以获得一个 IP 地址。在 IPv4 难以胜任的情况下，具有庞大地址空间的 IPv6 自然成了最佳选择。

（3）物联网云平台。

物联网云平台是基于智能传感器、无线传输技术、大规模数据处理与远程控制等物联网核心技术，与互联网、无线通信、云计算、大数据高度融合的云服务平台，集设备在线采集、远程控制、无线传输、数据处理、预警信息发布、决策支持、一体化控制等功能于一体，实现对物理世界的实时控制、精确管理和科学决策。

例如，针对小区，中国电信智慧小区综合管理平台（图 1-2-40）利用云计算、大数据以及 NB-IoT 物联网传输技术，实现对小区人、物、环境的统一可视化管理。同时，依托物联网技术对小区相关物体和环境信息的采集和控制能力，通过平台进行量化分析、展示和指挥调度，面向政府、物业、居民提供智慧社区一体化解决方案（图 1-2-41）。

图 1-2-40　中国电信智慧小区综合管理平台

图 1-2-41　智慧社区一体化解决方案

练一练

（1）如何调整电路，用手机远程控制 220V 的家用电器？

（2）如何用手机实现风扇启停后接收到设备变化的短信或微信通知？

（三）风扇自动启停

活动：

用 12V 电源给物联网开关供电，然后接上温度传感器来监测当前的环境温度，通过配置网络连接云平台，实现监测当前环境温度和远程控制风扇，让风扇根据温度变化自动启停。

随着电子产业及通信技术、自动控制及传感器技术的发展，手动控制的家用电器逐渐被各类操作便捷、具备自动控制功能的电器所取代。仍然以风扇作为例子，把手动控制的风扇改造成为能够根据外界温度变化自动实现启动与停止的智能风扇。

1. 风扇自动启停的原理

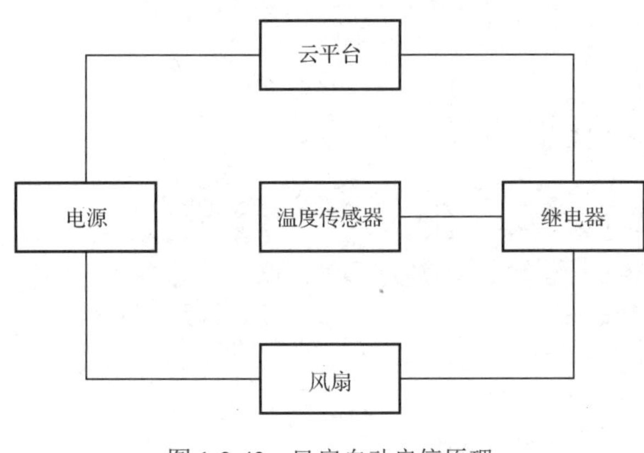

图 1-2-42　风扇自动启停原理

在手动控制风扇电路的基础上，将手动开关用继电器替换，加上能够自动感知外界温度变化并且可自行设定温度值的温度传感器，其他设备不变。通过已经开发好的云平台，设置继电器与温度传感器联动的模式，模拟室内的情况，电源接通后，当温度传感器检测到温度低于 26℃时，继电器断开，风扇处于待机状态；当温度传感器检测到温度高于或等于 26℃时，在后台程序的控制下，继电器自动吸合，电路接通，风扇开始转动（图 1-2-42）。

2. 风扇的电路连接

1）设备介绍

（1）物联网开关（图 1-2-43）。

图 1-2-43　物联网开关

（2）温度传感器 DS18B20。

DS18B20 支持 3～5.5V 的电压范围，使系统设计更灵活、方便，而且相对于老一代产品更便宜、体积更小，适用于恶劣环境的现场温度测量，如环境控制、设备或过程控制、测温类消费电子产品等。

DS18B20 主要由四部分组成：64 位光刻 ROM、温度传感器、非挥发的温度报警触发器 TH 和 TL、配置寄存器。DS18B20 引脚图如图 1-2-44 所示。

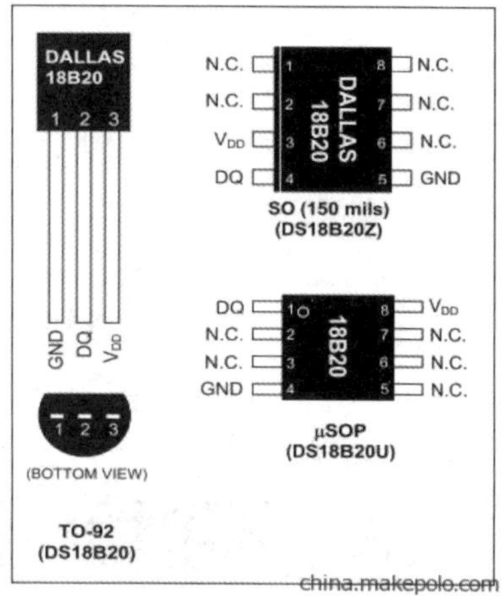

图 1-2-44　DS18B20 引脚图

2）连接步骤

① 将直流电源、物联网开关、风扇串接在一起。

首先，把 Wi-Fi 模块的芯片拆下来，观察物联网开关的输入、输出标志——IN 和 OUT，IN 为输入端，OUT 为输出端。然后，将电源线接到物联网开关的输入端，红色线接其正极，黑色线接其负极。接着，把 Wi-Fi 模块的芯片重新安装回去，安装时注意插针不要弯曲。最后，在物联网开关的输出端接上风扇。注意，正、负极标注在 PCB 板反面，请勿带电作业，在接线完成前不能接通电源。

② 检查供电跳线，将跳线帽换到右边 12V 上。

③ 如图 1-2-45 所示，将温度传感器数据线接到物联网开关多功能数据接口上。

图 1-2-45　温度传感器与物联网开关连接示意图

3）网络配置

要对物联网开关进行初始化以及网络配置（图 1-2-46），并将温度传感器添加到物联网管理平台中。

图 1-2-46　物联网开关网络配置步骤

如图 1-2-47 所示，点击右上角的工具按钮进行设备配置，进入基本配置，“IO03（R）”选择“18B20 温度传感器”。

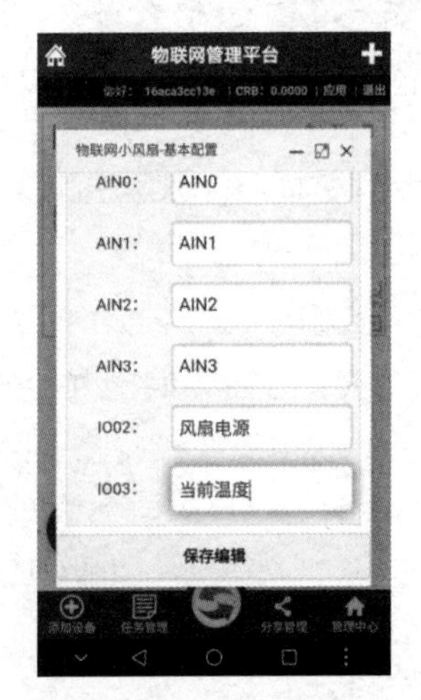

图 1-2-47　物联网管理平台配置及修改名称界面

为了更加直观，将 IO02 修改为“风扇电源”，IO03 修改为“当前温度”。

点击“保存编辑”，然后点击刷新按钮。这时在设备界面上就可以看到当前温度。

4）设置联动

设置温度传感器，将当前温度实时传送到物联网管理平台并同步显示出来，如果当前温度达到或超过某个指定的温度，则自动接通物联网开关电源，风扇启动；如果当前温度低于某个指定的温度，则自动断开物联网开关电源，风扇停止转动。

小贴士

如果在日常的应用场景中不需要风扇一天 24 小时都根据温度自动启停，而是在指定的时段根据温度变化自动启停，该如何设置呢？

如图 1-2-48 所示，点击“开始执行时间”，修改为 8:00 执行任务；点击“结束执行时间”，修改为 20:00 结束执行任务。实际运行界面如图 1-2-49 所示。

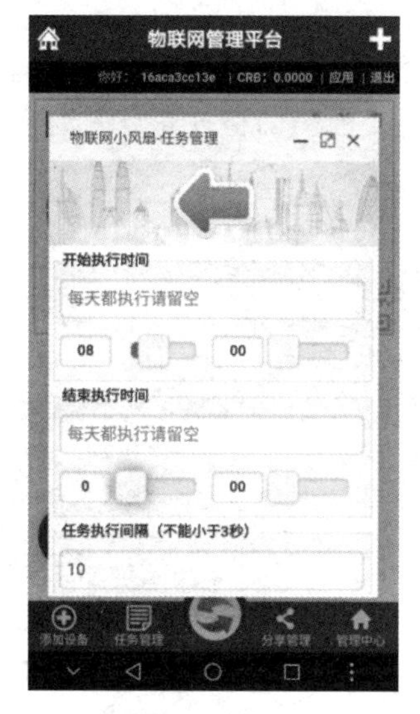

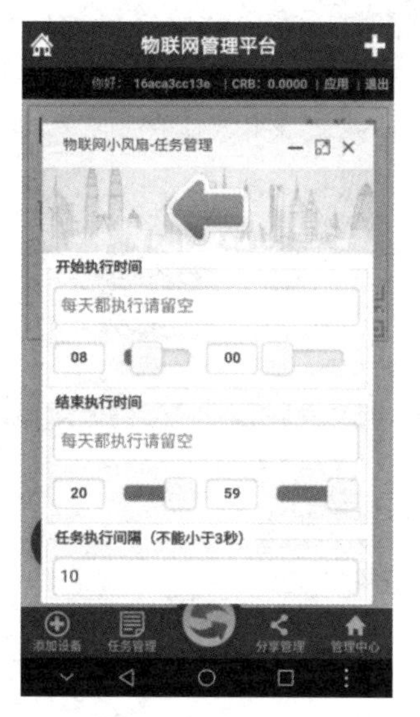

（a）设置开始执行时间　　（b）设置结束执行时间

图 1-2-48　设置执行时间

图 1-2-49　实际运行界面

3. 讨论

1）外界环境信息的感知

外界环境的变化受多种因素的影响，如温度、湿度、风速、气体浓度、光照强度等。实验中用风扇代替了需要控制的设备。实际生活中，可以根据实际场景的需要，把实验中的风扇更换为路灯、警报器、水泵、喷淋系统等设备。除了使用温度传感器感知温度的变化来实现自动控制，还可以使用声、光、红外、气体浓度、土壤湿度等传感器。

例如，在智慧农业大棚（图 1-2-50）中，种植户可以通过摄像头在手机上查看大棚里蔬菜的长势。如图 1-2-51 所示，各类传感器在智慧农业大棚中发挥了重要作用。当温度传感器监测到室内温度过高时，卷帘就可以自动打开进行降温。通过 CO_2 传感器采集 CO_2 浓度，经过控制系统及时补充和排出 CO_2，保持温室大棚内合理的 CO_2 浓度，有利于农作物进行光合作用。根据光照度传感器来检测和控制光照强度，合理调整补光灯补充人工光源，使农作物获得最适宜生长的光照和能量。利用土壤湿度传感器控制滴灌设施进行自动灌溉。

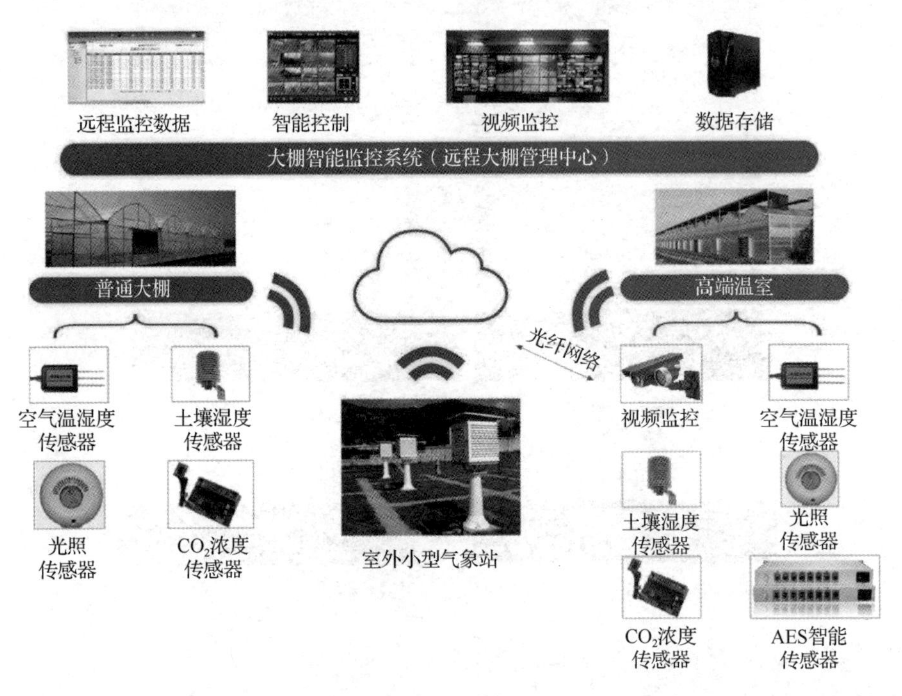

图 1-2-50　智慧农业大棚

图 1-2-51　物联网智慧农业大棚中各类传感器的使用

2）数据信息采集的关键——感知和识别技术

传感器是一种检测装置，能够感受到被测量，并能将其按一定规律变换成电信号或者其他所需的信息形式输出，以满足信息的传输、处理、存储、显示、记录和控制等要求。

如同人类依靠视觉、听觉、嗅觉、触觉感知周围环境，物体通过各种传感器也能感知周围环境，物联网系统中的海量数据信息来源于终端设备，而终端设备数据来源于传感器，传感器赋予万物“感官”功能，而且传感器比人类感知更准确、感知范围更广。例如，人类无法通过触觉准确感知某物体具体温度值，无法感知高温，也不能辨别细微的温度变化，但传感器可以。可以说传感器就是“万物互联”时代物体与物体之间交流的“语言”。因为感知层是物联网的核心，所以传感器技术在整个物联网行业的发展中扮演着非常重要的角色，也成为制约我国物联网发展的最大瓶颈。

小贴士

物联网的关键技术包括物体的识别、物体的连接以及对数据的操作。

目前业界普遍接受的物联网三层架构如图 1-2-52 所示，从下到上依次是感知层、网络层和应用层，这也体现了物联网的三个基本特征，即全面感知、可靠传输和智能处理。

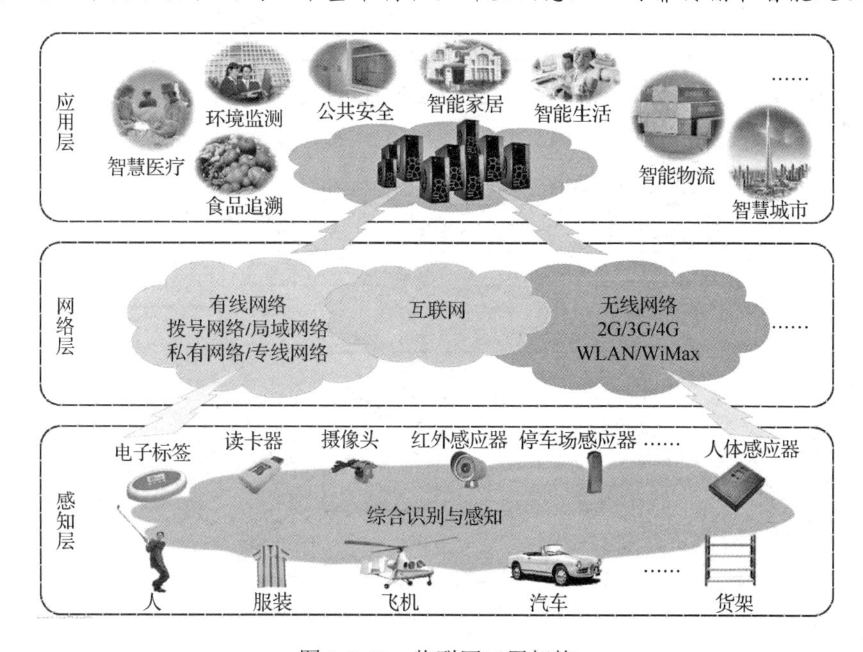

图 1-2-52 物联网三层架构

练一练

如何设置网络，让风扇根据语音命令自动启停？

可以将淘宝账户与阿里巴巴的智能音箱天猫精灵绑定，连接阿里巴巴开发平台，然后将物联网开关在阿里巴巴开发平台上与天猫精灵绑定，让处在同一个 Wi-Fi 网络之下的物联网开关和风扇连接，从而实现使用天猫精灵控制风扇启停的功能（图 1-2-53）。

图 1-2-53　使用阿里巴巴的智能音箱天猫精灵控制风扇启停

环节三　分析计划

经过一系列知识的学习和技能的训练，以及信息资讯的收集，本环节将对任务进行认真分析，并形成简易计划书。简易计划书具体由鱼骨图、“人料机法环”一览表和相关附件组成。

1. 鱼骨图（图 1-3-1）

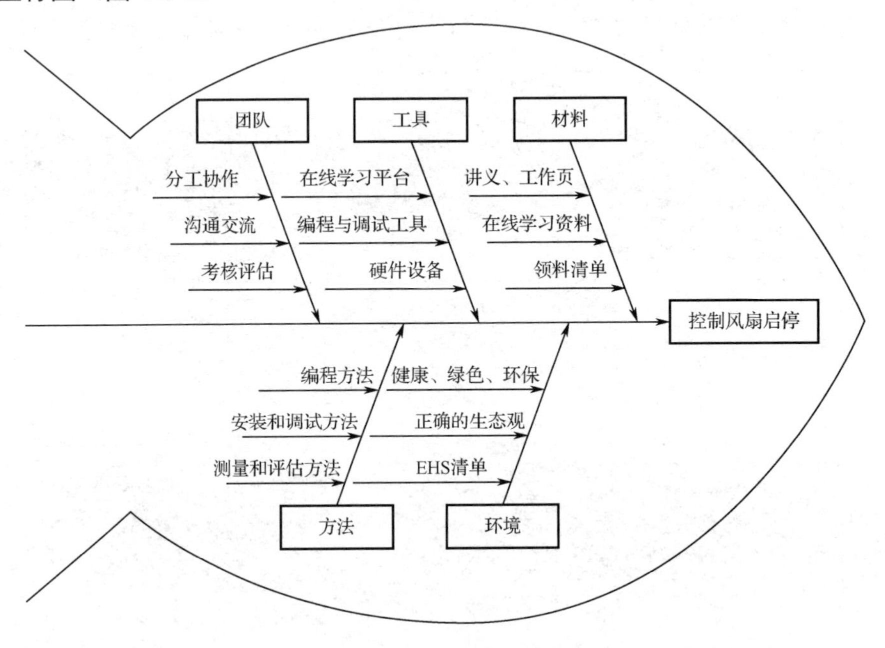

图 1-3-1　鱼骨图

2.“人料机法环”一览表（表 1-3-1）

表 1-3-1　“人料机法环”一览表

人员/客户
发布的任务如下： 根据控制要求设计与调试程序 通过程序编写与调试运行的质量和职业规范、EHS 来评价你的工作 在组织过程中，以小组为单位，密切联系学长、同学和老师，利用更多人力、智力资源完成这次工作任务

续表

材料	机器/工具
讲义、工作页 在线学习资料 材料图板 领料清单	依据在信息收集环节中学习到的知识，参考工具清单安排需要的工具和设备 在线学习平台 工具清单
方法	**环境**（安全、健康）
依据在信息收集环节中学习到的技能，参考控制要求选择合理的编程与调试流程 绘制流程图	绿色、环保的社会责任 可持续发展的理念 正确的生态观 EHS 清单

填写角色分配和任务分工与完成追踪表（表 1-3-2）。

表 1-3-2　角色分配和任务分工与完成追踪表

序　号	任务内容	参加人员	开始时间	完成时间	完成情况

填写领料清单（表 1-3-3）。

表 1-3-3　领料清单

序　号	名　称	单　位	数　量

填写工具清单（表 1-3-4）。

表 1-3-4　工具清单

序　号	名　称	单　位	数　量

流程图如图 1-3-2 所示。

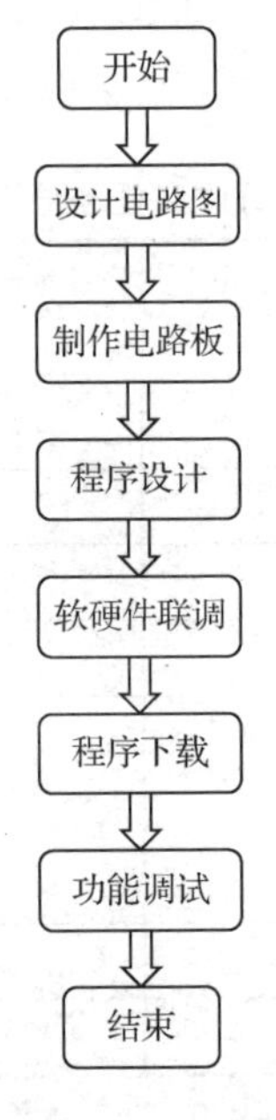

图 1-3-2　流程图

环节四　任务实施

1. 任务实施前

参考分析计划环节的内容，全面核查人员分工、材料、工具是否到位，确认编程调试的流程和方法，熟悉操作要领。

2. 任务实施中

任务实施过程中，按照“角色分配和任务分工与完成追踪表”记录完成的情况。

任务实施中，严格落实 EHS 的各项规程，填写表 1-4-1。

表 1-4-1　EHS 落实追踪表

	通用要素	本次任务要求	落实评价
环境	评估任务对环境的影响		
	减少排放		
	确保环保		
	5S 达标		
健康	配备个人劳保用具		
	分析工业卫生和职业危害		
	优化人机工程		
	了解简易急救方法		
安全	安全教育		
	危险分析与对策		
	危险品注意事项		
	防火、逃生意识		

3．任务实施后

任务实施后，严格按照 5S 要求进行收尾工作。

环节五　检验评估

1．任务检验（表 1-5-1）

表 1-5-1　任务检验

序号	检验项目	记录数据	是否合格
			合格（　）/不合格（　）
			合格（　）/不合格（　）
			合格（　）/不合格（　）
			合格（　）/不合格（　）
			合格（　）/不合格（　）
			合格（　）/不合格（　）
			合格（　）/不合格（　）
			合格（　）/不合格（　）
			合格（　）/不合格（　）
			合格（　）/不合格（　）
			合格（　）/不合格（　）

2．教学评价

利用评价系统进行评价。

任务二

完成物联网智能家居集成方案

环节一 情境描述

如今，物联网技术已被应用到人们生活的方方面面，如智能家居、智慧社区、智慧城市、智慧农业、智慧医疗等。本任务将介绍物联网的关键技术。

环节二 信息收集

一、从智慧社区看物联网如何获取信息

（一）智慧社区中的感知识别案例

智慧社区是指充分利用物联网、云计算、移动互联网等新一代信息技术，为社区居民提供一个安全、舒适、便利、现代化、智慧化的生活环境，从而形成基于信息化、智能化社会管理与服务的一种新的管理形态的社区（图 2-2-1）。

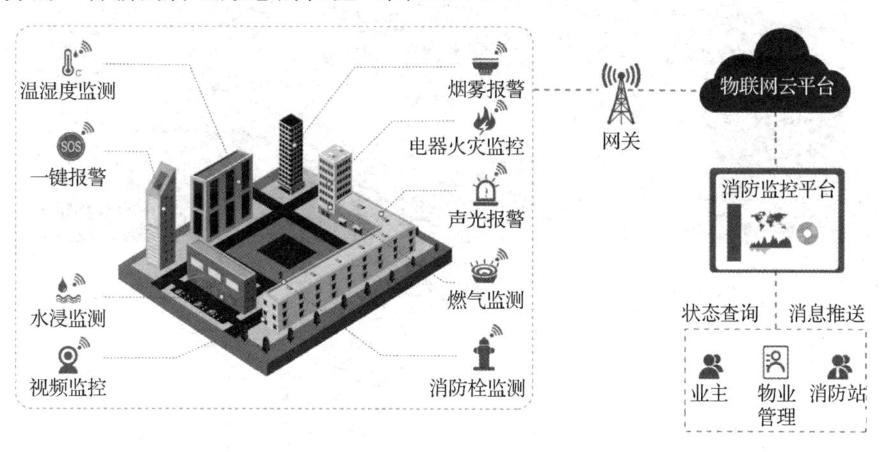

图 2-2-1 智慧社区

物联网、云计算、大数据、人工智能正逐步从概念走向应用。越来越多的传统产业也开始探索和创新，积极拥抱互联网和新技术。未来，人工智能技术可能会颠覆社区管理。

智慧社区进入人工智能时代，产品种类变得越来越丰富，涉及的领域更加广泛。例如，电表不再由人工抄表，而是采用智能电表，电力部门可以定期地远程获取用户电表数据。小

区地下车库的车辆管理系统可以识别车牌，并对车辆停放是否到位进行检测。环境监测系统可以监测小区的环境温度、湿度、空气质量等，并通过新风系统调整住户室内的空气。园区绿植智能浇灌系统可以根据植被土壤的湿度自动实施浇灌。这些都是智慧社区的具体应用。小区出入刷卡和人脸识别系统如图 2-2-2 所示。智慧医疗如图 2-2-3 所示。

图 2-2-2　小区出入刷卡和人脸识别系统

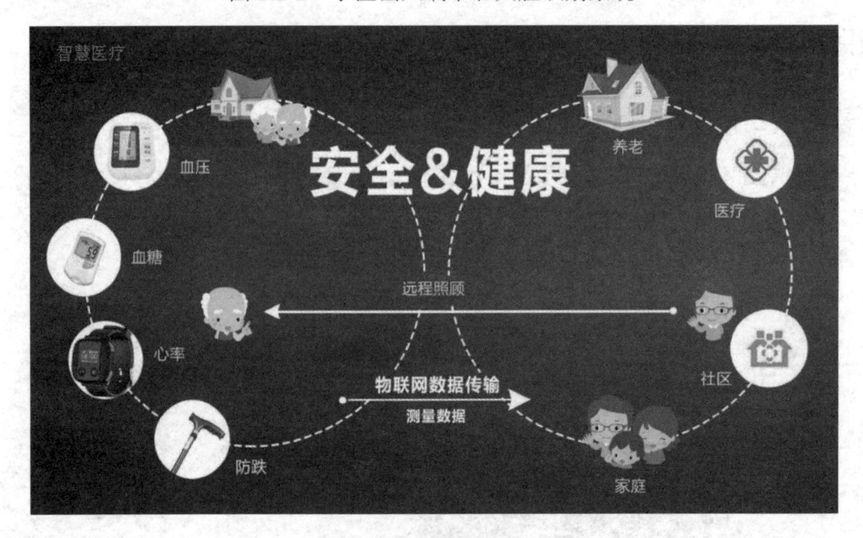

图 2-2-3　智慧医疗

物联网关键技术如图 2-2-4 所示。

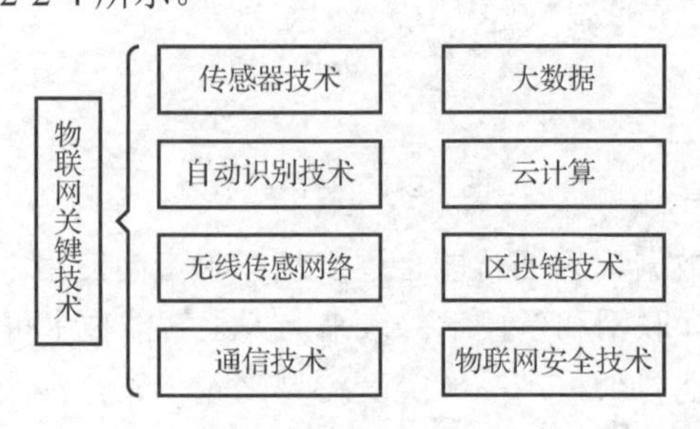

图 2-2-4　物联网关键技术

（二）解密物联网信息收集的方式

物联网作为一个系统网络，与其他网络一样，也有其内部特有的架构。物联网有三个层次。一是感知层，即利用传感器、RFID、二维码等随时随地获取物体的信息；二是网络层，即通过电信网络与互联网的融合，将物体的信息实时、准确地传递出去；三是应用层，即对感知层得到的信息进行处理，实现智能化识别、定位、跟踪、监控和管理等。

感知层包括信息采集、组网与协同信息处理，涉及信息采集技术、远距离与近距离数据传输技术、自组织组网技术、协同信息处理技术及信息采集中间件技术。网络层主要指的是由移动通信网、广电网、互联网及其他专网组成的网络体系，用于实现数据的传输。应用层包括物联网应用的支撑技术和物联网的实际应用。

1. 传感器概述

传感器是构成物联网的基础单元，是物联网获取相关信息的设备。具体来说，传感器能够对当前状态进行识别，当特定的状态发生变化时，传感器能够立即察觉，并且能够向其他元器件发出相应的信号，告知状态的变化。

1）传感器的定义

我国国家标准对传感器下的定义是：“能感受规定的被测量并按照一定的规律转换成可用信号的器件或装置，通常由敏感元件和转换元件组成。”

2）传感器的组成

传感器一般由敏感元件、转换元件及基本转换电路三部分组成。

敏感元件：是直接感受被测物理量，并以确定关系输出另一物理量的元件（如弹性敏感元件将力、力矩转换为位移或应变输出）。

转换元件：是将敏感元件输出的非电量转换成电路参数（电阻、电感、电容）及电流或电压等电信号的元件。

基本转换电路：将电信号转换成便于传输、处理的电量。

3）传感器的作用

人们为了从外界获取信息，必须借助感觉器官。但在研究自然现象和规律的过程中及生产活动中，单靠人们自身的感觉器官是远远不够的。这时就需要使用传感器。因此，可以说，传感器是人类五官的延伸，又称电五官。

世界进入了信息时代，在利用信息的过程中，首先要解决的就是获取准确、可靠的信息，而传感器是获取自然和生产领域中信息的主要途径与手段。在现代工业生产尤其是自动化生产过程中，要用各种传感器来监控生产过程中的各种参数，使设备工作在正常状态或最佳状态，并使产品达到应有的质量。因此，可以说，没有众多优良的传感器，现代化生产就失去了基础。

传感器早已渗透到工业生产、宇宙开发、海洋探测、环境保护、资源调查、医学诊断、生物工程、文物保护等领域。可以毫不夸张地说，从茫茫的太空到浩瀚的海洋，以及各种复杂的工程系统，几乎每一个现代化项目都离不开各种各样的传感器。

4）传感器的发展历程

传感器技术是测量技术、半导体技术、计算机技术、信息处理技术、微电子学、光学、声学、精密机械、仿生学和材料科学等众多学科和技术相互交叉的综合性技术，是信息社会的重要基础，是自动检测和自动控制技术不可缺少的重要组成部分。传感器在工业部门的应用普及率已成为衡量一个国家智能化、数字化、网络化水平的重要标志。

传感器大体可分为以下三代。

第一代是结构型传感器，结构型传感器是通过传感器本身结构参数的变化来实现信号转换的。例如，电容式传感器通过极板间距离的变化引起电容量的变化。

第二代是固体型传感器，这种传感器由半导体、电介质、磁性材料等固体元件构成，利用材料的某些特性制成，如利用热电效应、霍尔效应、光敏效应分别制成热电偶传感器、霍尔传感器、光敏传感器。

第三代是智能型传感器，这种传感器是微型计算机技术与检测技术相结合的产物，具有一定的人工智能。

5）传感器的分类

根据传感器工作原理，可分为物理传感器和化学传感器两大类。物理传感器利用的是物理效应，如压电效应等，它将被测量的微小变化转换成电信号。化学传感器是以化学吸附、电化学反应等现象为因果关系的传感器，它也将被测量的微小变化转换成电信号。

按用途可分为压敏传感器、位置传感器、液位传感器、能耗传感器、速度传感器、加速度传感器、射线辐射传感器、热敏传感器。

按原理可分为振动传感器、湿敏传感器、磁敏传感器、气敏传感器、真空度传感器、生物传感器等。

按输出信号可分为以下几类。

模拟传感器：将被测量的非电学量转换成模拟电信号。

数字传感器：将被测量的非电学量转换成数字电信号（包括直接和间接转换）。

开关传感器：当一个被测量的信号达到某个特定的阈值时，传感器相应地输出一个设定的低电平或高电平信号。

6）传感器的特性

传感器的特性主要是指输出与输入之间的关系，分为静态特性和动态特性。

传感器的静态特性是指当传感器的输入量为常量或随时间缓慢变化时，传感器的输出与输入之间的关系。表征传感器静态特性的指标有线性度、敏感度、重复性等。

传感器的动态特性是指传感器的输出量对于随时间变化的输入量的响应特性，它取决于传感器本身及输入信号的形式。

7）传感器的主要性能指标

传感器的性能指标主要有测量范围、过载能力、灵敏度、精确度等。

测量范围：在传感器允许误差范围内，被测量值的范围。

过载能力：一般情况下，在不引起传感器的规定性能指标永久改变的条件下，传感器超过其测量范围的能力。过载能力通常用允许超过测量上限或下限的被测量值与量程的百分比表示。

灵敏度：传感器输出量变化与引起此变化的输入量变化之比。灵敏度越高越好，因为灵敏度越高，传感器所能感知的变化量越小，即被测量稍有变化，传感器就有较大输出。但过高的灵敏度会影响传感器适用的测量范围。

精确度：简称精度，它表示传感器的输出结果与被测量的实际值之间的符合程度，是测量的精密程度与准确程度的综合反映。

2．常见传感器

1）电阻式传感器

电阻式传感器（图 2-2-5）的工作原理是利用变阻器将被测非电量转换为电阻信号。电阻式传感器一般有电位器式、触点变阻式、电阻应变片式及压阻式等类型。电阻式传感器主要用于位移、压力、应变、力矩、气体流速、液位和液体流量等的测量。

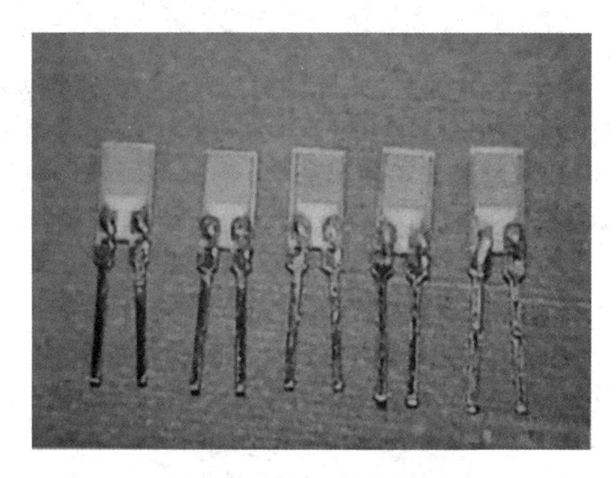

图 2-2-5　电阻式传感器

2）电容式传感器

电容式传感器（图 2-2-6）的工作原理是通过改变电容的几何尺寸或改变介质的性质和含量，使电容量发生变化，它主要用于压力、位移、液位、厚度、水分含量等的测量。

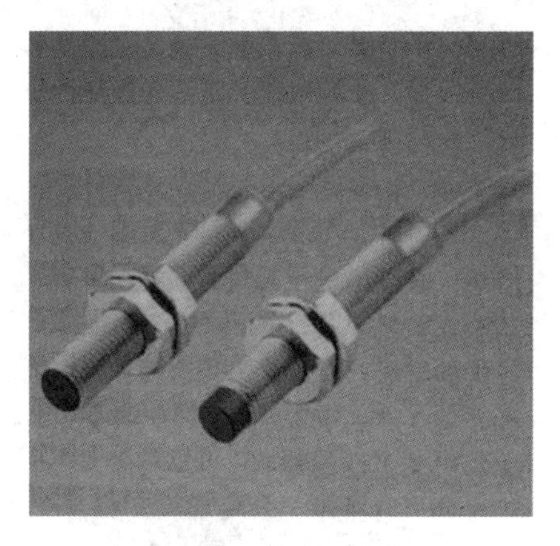

图 2-2-6　电容式传感器

3）电感式传感器

电感式传感器（图 2-2-7）是利用改变磁路几何尺寸、磁体位置来改变电感量的原理制成的，主要用于位移、压力、振动、加速度等的测量。

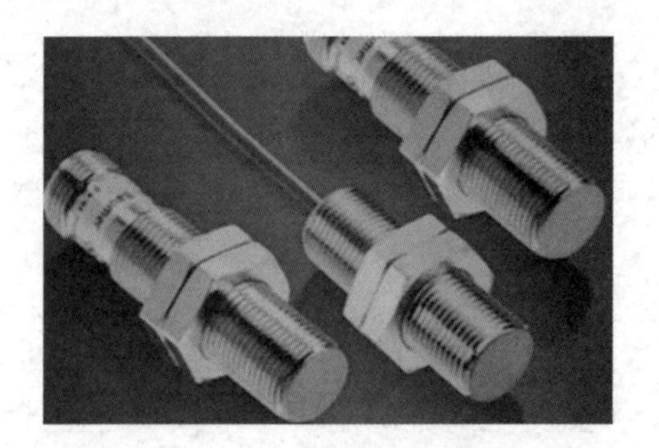

图 2-2-7　电感式传感器

4）压电式传感器

压电式传感器（图 2-2-8）是基于压电效应的传感器，是一种机电转换式传感器。它的敏感元件由压电材料制成。压电材料受力后表面产生电荷，此电荷经电荷放大器和测量电路放大和变换阻抗后就成为正比于所受外力的电量。压电式传感器主要用于测量力和能变换为力的非电物理量。它的优点是频带宽、灵敏度高、信噪比高、结构简单、工作可靠和重量轻等。缺点是某些压电材料需要采取防潮措施，而且输出的直流响应差，需要采用高输入阻抗电路或电荷放大器来克服这一缺陷。

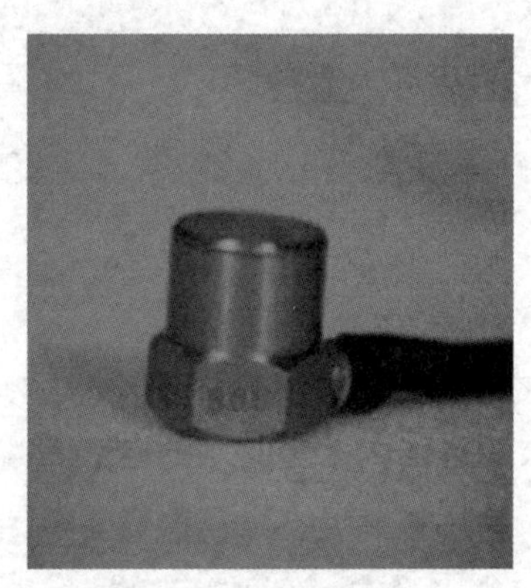

图 2-2-8　压电式传感器

5）光电式传感器

光电式传感器（图 2-2-9）在非电量测量及自动控制技术中占有重要的地位。它是利用光电器件的光效应和光学原理制成的，主要用于光强、光通量、位移、浓度等的测量。

图 2-2-9　光电式传感器

6）热电式传感器

热电式传感器（图 2-2-10）是将温度变化转换为电量变化的装置。它是利用某些材料或元件的性能随温度变化的特性来进行测量的。例如，将温度变化转换为电阻值、热电动势、导磁率等的变化，再通过适当的测量电路达到检测温度的目的。把温度变化转换为热电动势变化的热电式传感器称为热电偶，把温度变化转换为电阻值变化的热电式传感器称为热电阻。

图 2-2-10 热电式传感器

7）气敏传感器

气敏传感器（图 2-2-11）是一种检测特定气体的传感器，主要包括半导体气敏传感器、接触燃烧式气敏传感器和电化学气敏传感器等，其中用得最多的是半导体气敏传感器。

图 2-2-11 气敏传感器

8）湿敏传感器

湿敏传感器（图 2-2-12）是将环境湿度转换为电信号的装置，由湿敏元件和转换电路等组成，它在工业、农业、气象、医疗及日常生活等方面都得到了广泛的应用。随着科学技术的发展，对于湿度的检测和控制越来越受到人们的重视。

图 2-2-12 湿敏传感器

9）磁场传感器

磁场传感器（图 2-2-13）是将磁场变化量转换成电信号输出的装置。自然界的许多地方都存在磁场或与磁场相关的信息。由人工设置的永久磁体产生的磁场，可作为多种信息的载体。因此，探测、采集、存储、转换、复现和监控磁场承载的各种信息的任务，自然就落在磁场传感器身上。在当今的信息社会中，磁场传感器已成为信息技术和信息产业中不可缺少的基础元件。

图 2-2-13　磁场传感器

10）数字式传感器

数字式传感器（图 2-2-14）是指将传统的模拟式传感器加装 A/D 转换模块，使输出信号为数字量（或数字编码）的传感器。

图 2-2-14　数字式传感器

11）生物传感器

生物传感器（图 2-2-15）是一种对生物物质敏感并将其浓度转换为电信号的装置，由生物敏感材料制成识别元件（包括酶、抗体、抗原、微生物、细胞、组织、核酸等生物活性物质），由适当的理化换能器（如氧电极、光敏管、场效应管、压电晶体等）及信号放大装置构成分析工具或系统。生物传感器具有接收器与转换器的功能。

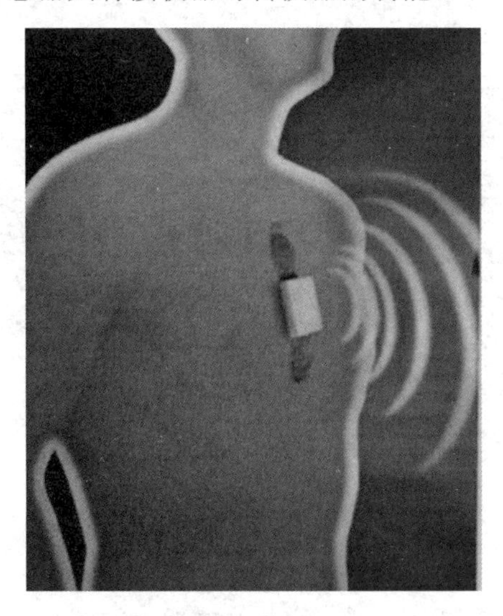

图 2-2-15　生物传感器

12）微波传感器

微波传感器（图 2-2-16）是利用微波特性来检测一些物理量的器件，可感知物体的存在、运动速度、距离、角度。

由发射天线发出的微波遇到被测物体时将被吸收或反射，使功率发生变化。若利用接收天线接收通过被测物体或由被测物体反射回来的微波，并将它转换成电信号，再由测量电路处理，就实现了微波检测。

微波传感器主要由微波振荡器和微波天线组成。微波振荡器是产生微波的装置。构成微波振荡器的器件有速调管、磁控管等。由微波振荡器产生的振荡信号须用波导管传输，并通过天线发射出去。

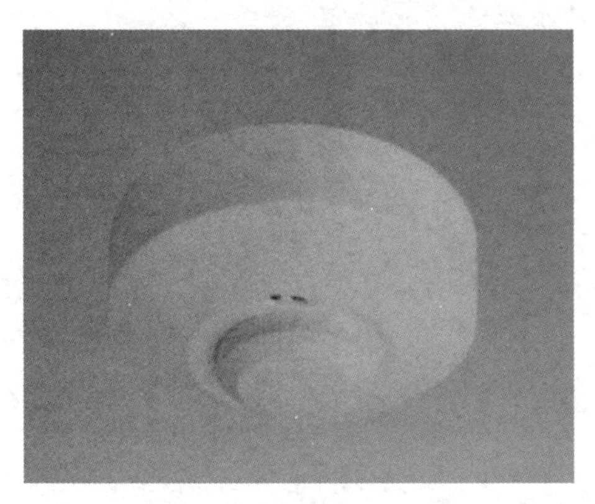

图 2-2-16　微波传感器

13）超声波传感器

超声波传感器（图 2-2-17）是利用超声波的特性研制而成的传感器。超声波是一种振动频率高于声波的机械波，是由换能晶片在电压的激励下发生振动而产生的，它具有频率高、波长小、绕射现象小、方向性好、定向传播等特点。超声波对液体、固体的穿透力很大，尤其是在不透明的固体中，它可穿透几十米。超声波遇到杂质或分界面会产生显著反射，形成回波，遇到活动物体能产生多普勒效应。

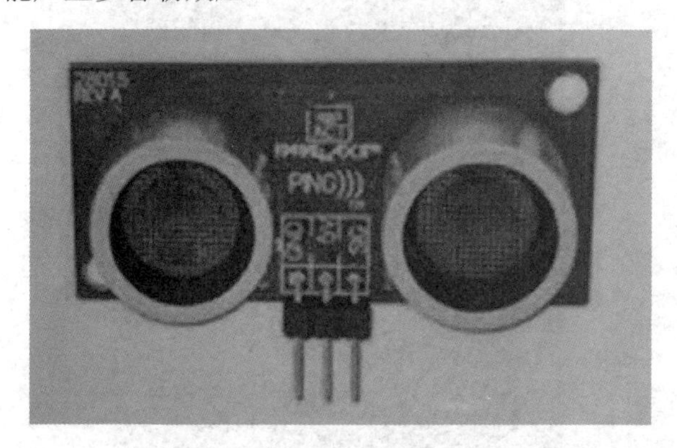

图 2-2-17　超声波传感器

14）机器人传感器

机器人是由计算机控制的复杂机器，它具有类似人的肢体及感官功能，动作灵活，有一定程度的智能，工作时可以不依赖人的操纵。机器人传感器（图 2-2-18）在机器人的控制中起到非常重要的作用，正因为有了传感器，机器人才具备类似人的知觉功能和反应能力。

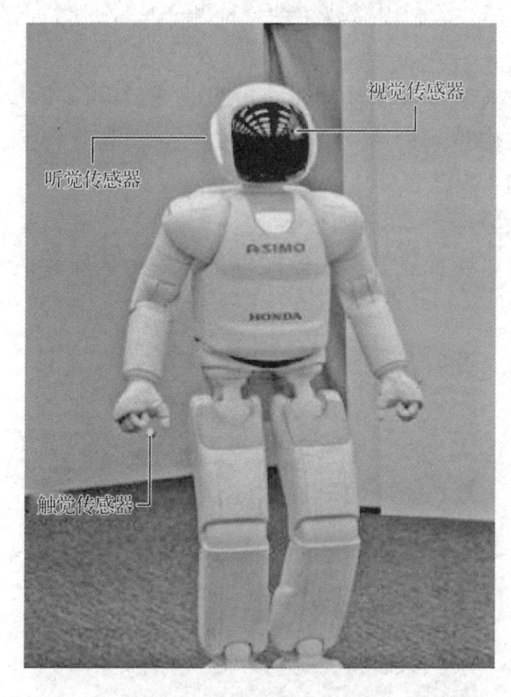

图 2-2-18　机器人传感器

为了检测作业对象及环境，在机器人上安装了触觉传感器、视觉传感器、力觉传感器、接近传感器、超声波传感器和听觉传感器，大大改善了机器人的工作状况，使其能够完成复杂的工作。

3. 传感器的应用实例

传感器技术在促进经济发展、推动社会进步方面的作用是十分明显的。传感器在工业、农业、医疗、环境监测、航空、军事等领域都得到了广泛的应用。

1）传感器在日常生活中的应用

随着科技的发展，传感器已经融入人们的日常生活（图 2-2-19），如空调、热水器、全自动洗衣机、智能冰箱等家用电器中采用了各种传感器。随着人们生活水平的不断提高，对家用电器的自动化程度要求越来越高，现在自动洗碗机、扫地机等高智能、自动化的产品已经走入了千家万户。

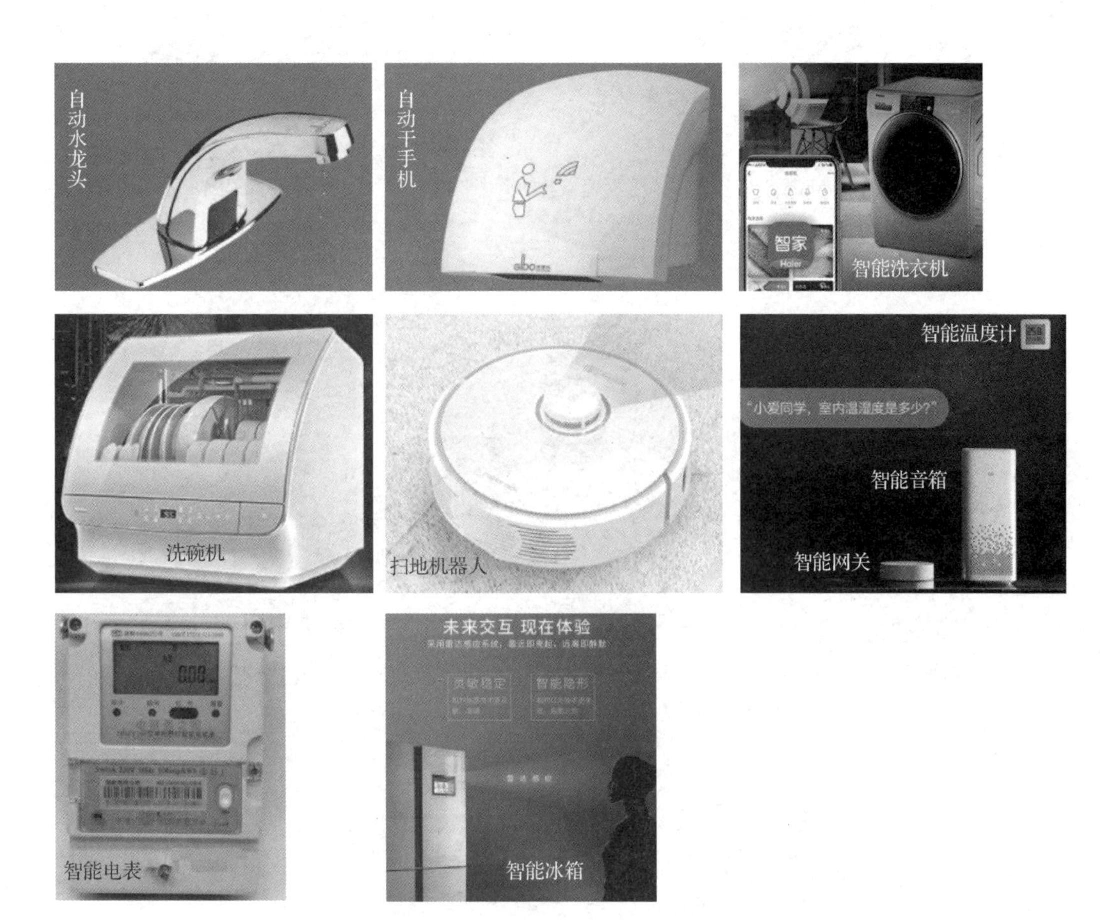

图 2-2-19　传感器在日常生活中的应用

2）传感器在工业方面的应用

传感器在工业生产过程中的应用如图 2-2-20 所示。

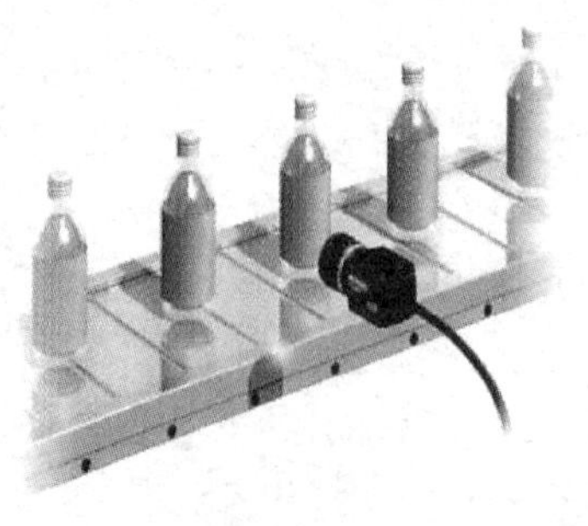

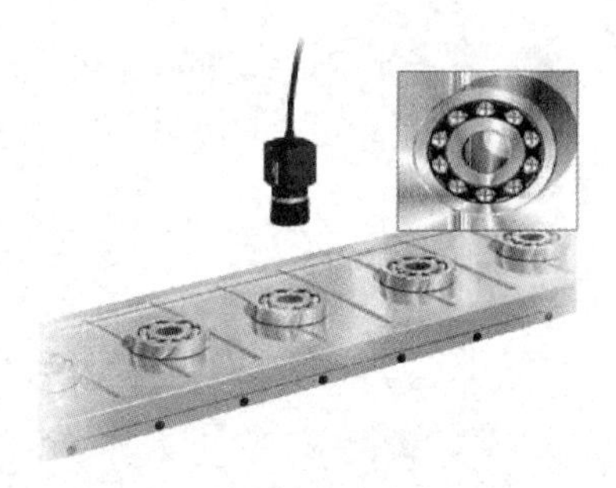

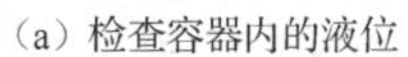

（a）检查容器内的液位　　（b）检查轴承/滚珠是否脱落

图 2-2-20　传感器在工业生产过程中的应用

3）传感器在医疗、环境监测、智慧城市、交通等方面的应用（图 2-2-21～图 2-2-27）

图 2-2-21　血糖测试仪

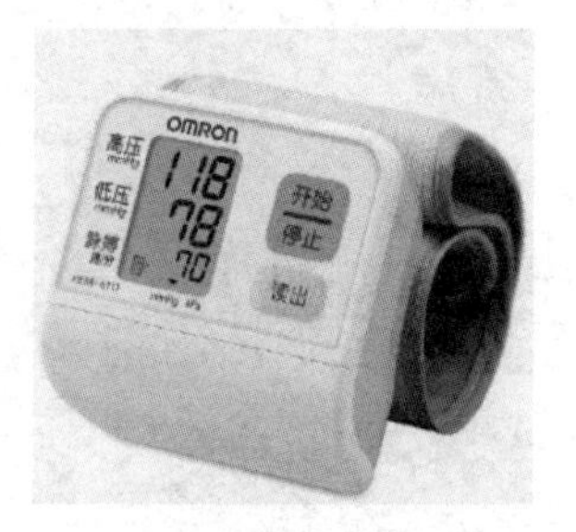

图 2-2-22　电子血压计

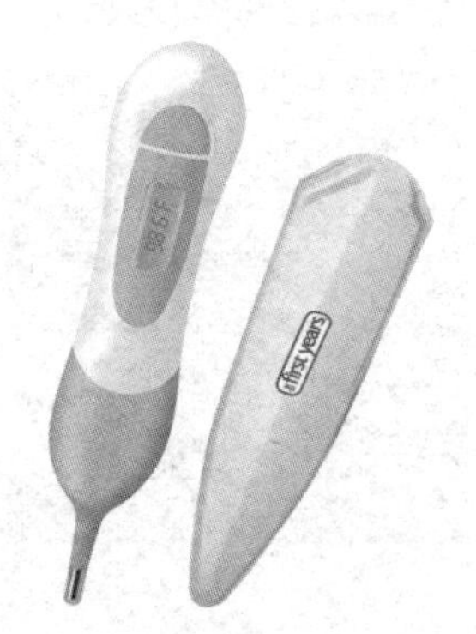

图 2-2-23　电子体温计

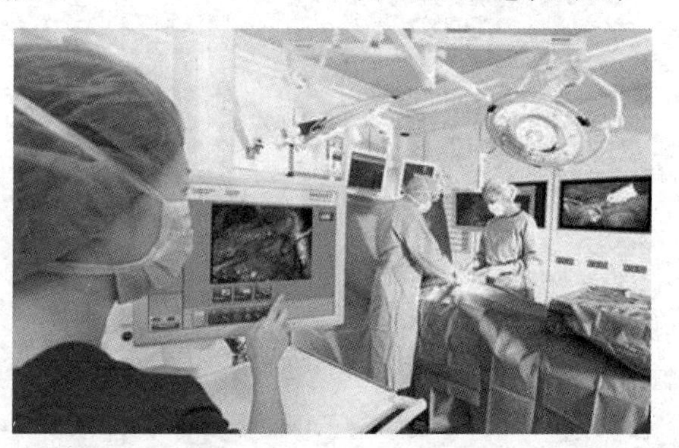

图 2-2-24　VR 技术应用在手术中

图 2-2-25　传感器在环境监测中的应用

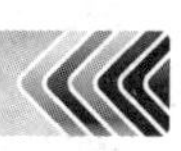

图 2-2-26　智慧城市

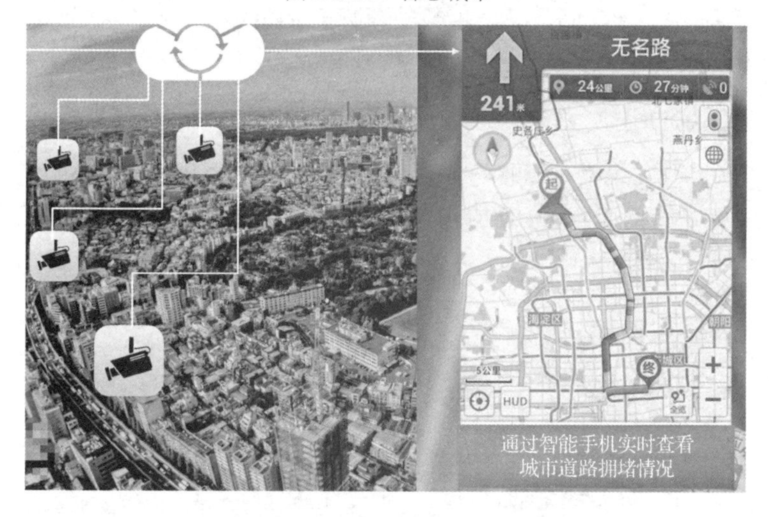

图 2-2-27　传感器在交通监测中的应用

（三）RFID

在智慧社区或者智慧城市建设中应用了大量的传感器来采集数据，那么除了应用大量的传感器，还需要应用哪些技术呢？

例如，在智慧社区中，业主将车辆管理卡放在车上或固定在车牌上，当业主开车回家，车辆经过车库道闸时，远距离识别系统能识别车辆并自动打开道闸，极大地提高了车辆通行效率。当业主到达单元门口时，隐藏安装的远距离识别系统能识别业主身上的电子标签，自动开启单元门，实现业主无障碍进出单元门。当业主到达电梯厅时，电梯上行按键会自动点亮。当业主进入电梯间时，远距离识别系统会自动识别业主身上的电子标签，经授权的业主所在楼层按键会相应地点亮。业主出门前，可通过对讲系统预约电梯到达自己所在楼层，出门即可乘坐电梯，无须等待。

以上例子中用到了自动识别技术中的射频识别技术，那么什么是射频识别技术呢？

1. RFID 简介

射频识别（Radio Frequency Identification，RFID）技术是自动识别技术的一种，它通过无线电波进行数据传递，是一种非接触式自动识别技术。它能赋予每个人及物理实体一个唯一的标识，实现无接触的多目标快速识别，被视为连接物理实体世界和数字虚拟空间的桥梁。RFID的识别过程无须人工干预，可在各种恶劣环境中使用，与条形码、磁卡识别技术和IC卡识别技术相比，具有无接触、精度高、适应环境能力强、抗干扰能力强、操作快捷、同时可识别多个物体等优点，逐渐成为应用最广泛的自动识别技术之一。RFID 已被广泛应用于物流及供应链管理、制造过程控制、电子票据、商品防伪、人员管理等领域，是“物联网”的核心。

近年来，随着大规模集成电路、网络通信、信息安全等技术的发展，RFID已经进入了商业化应用阶段。由于具有高速移动物体识别、多目标识别和非接触识别等特点，RFID显示出巨大的发展潜力与应用空间，被认为是21世纪最有发展前途的信息技术之一。

RFID涉及信息、制造、材料等高技术领域，涵盖无线通信、芯片设计与制造、天线设计与制造、标签封装、系统集成、信息安全等技术。一些国家和跨国公司都在加速推动 RFID的研发和应用进程。过去十年间，共产生数千项关于RFID的专利，主要集中在美国、欧洲、日本等国家和地区。

2．射频识别系统的组成

在具体的应用过程中，根据不同的应用目的和应用环境，射频识别系统的组成会有所不同，但基本都包含电子标签、阅读器和后端应用软件三部分。RFID系统的组成如图2-2-28所示。

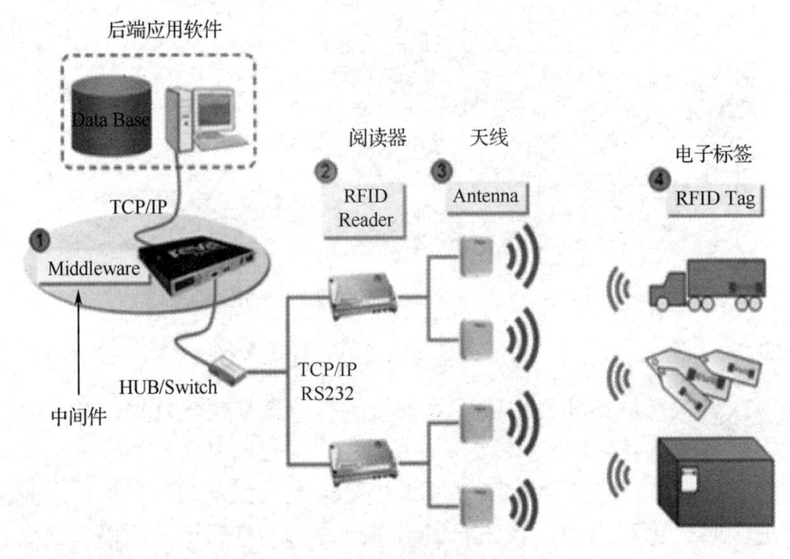

图2-2-28　RFID系统的组成

（1）电子标签：由芯片和天线组成，附着在物体上，每个标签具有唯一的电子编码。

（2）阅读器：是读取或者写入电子标签数据信息的设备。

（3）后端应用软件：最简单的 RFID 系统只有一个阅读器，一次只对一个电子标签进行操作，如公交车上的票务系统。复杂的 RFID 系统会有多个阅读器，每个阅读器要同时对多个电子标签进行操作，并要实时处理数据信息，这就需要后端应用软件来处理。数据交换与管理由计算机网络完成，阅读器可以通过标准接口和计算机网络连接，完成数据处理、传输和通信功能。

电子标签是射频识别系统的数据载体，主要用来存储被标识物的数据信息。下面对电子

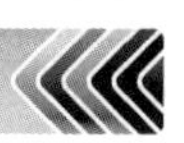

标签进行详细介绍。

1）组成

电子标签由天线和芯片组成。

芯片是电子标签的核心部分，它的作用包括信息的存储、接收信号的处理和发射信号的处理；天线是电子标签发射和接收无线电信号的装置。电子标签电路的复杂度与其所具有的功能成正比。不同电子标签的芯片结构会有所不同，但基本结构类似，一般由控制器、调制解调器、编解码发生器、时钟、存储器和电源电路构成。

2）封装

在实际使用时，为了方便，也为了保护电子标签中的芯片和天线，需要对电子标签进行封装。不同的应用和使用环境要求采用的封装材料和形式也不同。电子标签的成本一半以上来自封装，下面介绍电子标签的几种常用封装方式。

（1）纸标签。

纸标签一般具有自粘功能，可以粘贴在待识别物品上（图 2-2-29）。纸标签比较便宜，一般由面层、线路层、胶层、底层组成。

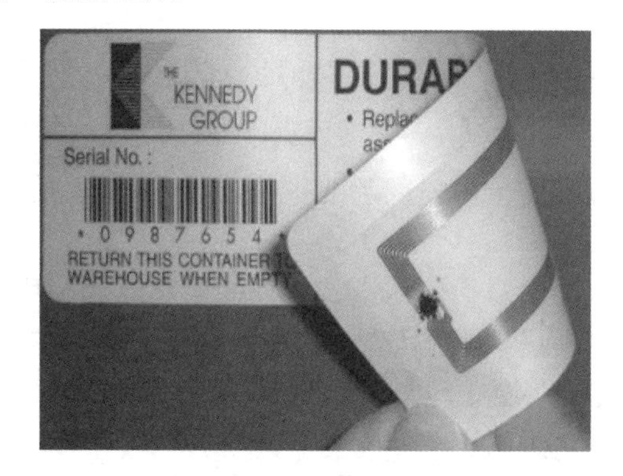

图 2-2-29　纸标签

（2）塑料标签。

采用特定的工艺将芯片和天线用特定的塑料基材封装成不同的标签形式，如钥匙牌、手表、狗牌、信用卡等（图 2-2-30）。常用的塑料基材有 PVC 和 PSP，标签结构包括面层、芯片层和底层。

（a）牛耳标签

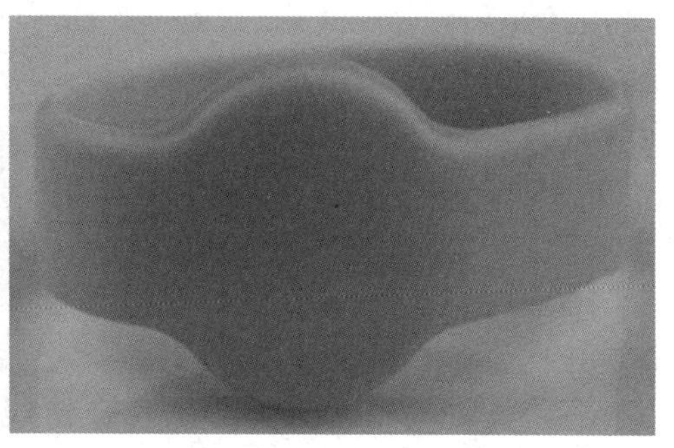

（b）手表标签

图 2-2-30　塑料标签

（3）玻璃标签。

将芯片、天线采用一种特殊的固定物质植入一定大小的玻璃容器中，封装成玻璃标签（图 2-2-31）。

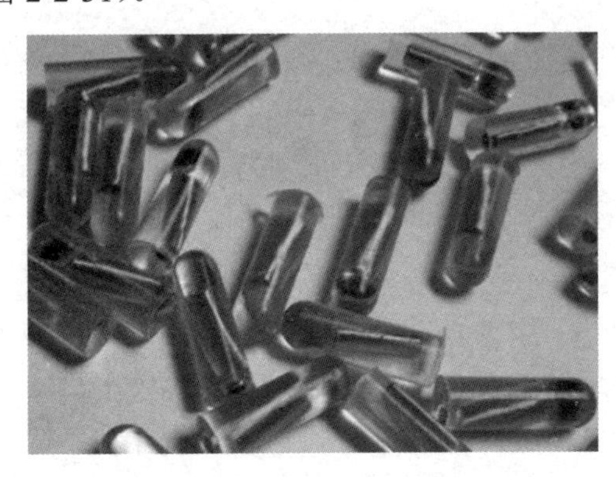

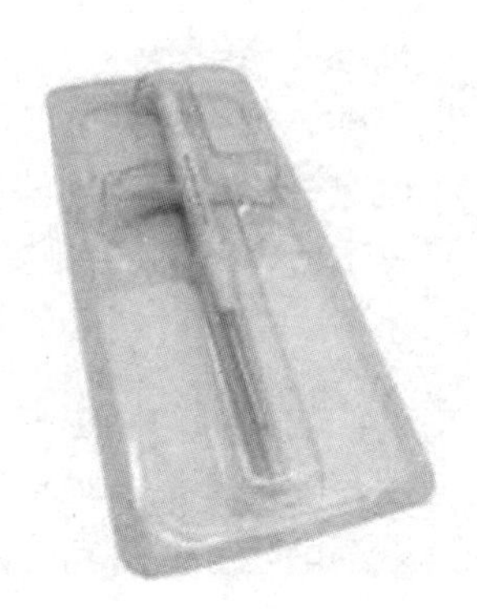

图 2-2-31　玻璃标签

3．电子标签的分类

1）根据供电方式分类

依据供电方式的不同，电子标签可以分为有源电子标签、无源电子标签和半无源电子标签。

有源电子标签的工作电源完全由内部电池供给，同时电池的能量也部分地转换为电子标签与阅读器通信所需的射频能量。

半无源电子标签内的电池仅对标签内维持数据的电路或者芯片工作所需电压提供支持，耗电很少。半无源电子标签未进入工作状态时，一直处于休眠状态，相当于无源电子标签，电池的消耗很少，可维持几年甚至 10 年。当半无源电子标签进入阅读器的读取区域时，受到阅读器发出的射频信号激励，进入工作状态，信息交换的能量以阅读器供应的射频能量为主（反射调制方式），电池的作用主要在于弥补射频场强不足，并不转换为射频能量。

无源电子标签没有电池，在阅读器的读取范围之外时，处于无源状态；在阅读器的读取范围之内时，从阅读器发出的射频能量中获取其工作所需的能量。无源电子标签一般采用反射调制方式完成信息传送。无源电子标签适合用在门禁或交通系统中，因为阅读器可以确保只激活一定范围内的无源电子标签。

2）根据工作频率分类

根据电子标签工作频率的不同，通常可分为低频（30～300kHz）电子标签、中频（3～30MHz）电子标签和高频（300MHz～3GHz）电子标签。低频电子标签主要有 125kHz 和 134.2kHz 两种，中频电子标签主要为 13.56MHz，高频电子标签主要有 433MHz、915MHz、2.45GHz、5.8GHz 等。

低频电子标签主要用于短距离、低成本的场合，如门禁控制、校园卡、动物监管、货物跟踪等；中频电子标签主要用于门禁控制和需要传送大量数据的应用系统；高频电子标签主要用于读/写距离较长和读/写速度高的场合，其天线波束方向较窄且价格较高，常用于火车监控、高速公路收费等。

3）根据调制方式分类

电子标签按调制方式的不同可分为主动式和被动式。主动式电子标签用自身的射频能量主动发送数据给阅读器；被动式电子标签使用调制散射方式发送数据，它必须利用阅读器的载波来调制自己的信号。

4. 电子标签天线的类型

电子标签的面积主要是由天线面积决定的。在实际应用中，电子标签可以采用不同形式的天线，主要有线圈型、微带贴片型和偶极子型三种。工作距离小于 1m 的近距离应用系统一般采用工艺简单、成本低的线圈型天线，工作在中、低频率。工作距离在 1m 以上的远距离应用系统需要采用微带贴片型天线（图 2-2-32）或偶极子型天线（图 2-2-33），工作在高频及微波频段。

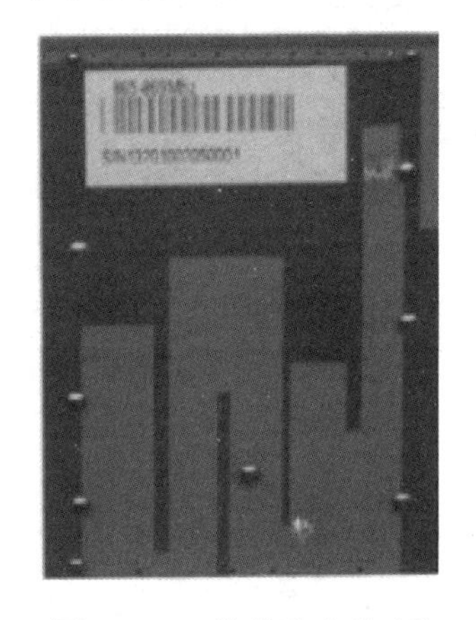

图 2-2-32　微带贴片型天线

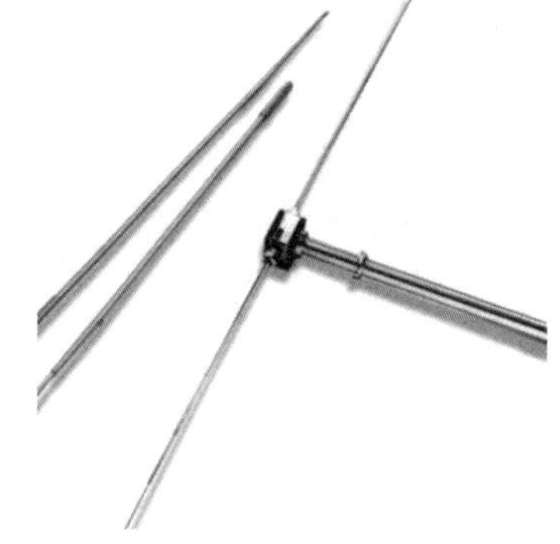

图 2-2-33　偶极子型天线

线圈型天线：某些应用系统要求天线外形很小，且需要一定的工作距离，如动物识别。为了增大天线线圈互感量，通常在天线线圈内部插入铁氧体材料，来补偿线圈横截面小的问题。

微带贴片型天线：是由贴在带有金属底板的介质基片上的辐射贴片导体构成的。微带贴片型天线质量轻、体积小、剖面薄。微带贴片型天线适用于通信方向变化不大的 RFID 应用系统。

偶极子型天线：在远距离耦合的 RFID 系统中，最常用的是偶极子型天线。信号从天线中间的两个端点馈入，在偶极子的两臂上产生一定的电流分布，从而在天线周围空间激发出电磁场。

5. 阅读器

阅读器根据具体实现功能的不同有不同的名称，单纯实现读取信息的设备称为阅读器、读出装置、扫描器等，单纯实现写入信息的设备称为编程器、写入器等，实现读取与写入信息的设备称为阅读器、通信器等。它在整个 RFID 系统中起着举足轻重的作用。首先，阅读器的频率决定了 RFID 系统的工作频段；其次，阅读器的功率直接影响 RFID 系统的工作距离与阅读效果的好坏。

阅读器是整个 RFID 系统中重要的组成部分之一，它是读/写电子标签信息的设备，主要任务是向电子标签发射读取或写入信号，并接收电子标签的应答，对电子标签的标志信息进行解码，将标志信息传输到计算机处理系统以供处理。

具体来说，阅读器具有以下功能。

- 阅读器与电子标签的通信功能。在规定的技术条件下阅读器可与电子标签进行通信。
- 阅读器与计算机的通信功能。阅读器可通过标准接口与计算机网络连接，并提供各类信息以实现多个阅读器在网络中的运行，如阅读器的识别码、阅读器读出电子标签信息的日期和时间、阅读器读出的电子标签的信息等。
- 阅读器能在读/写区内查询多个标签，并能正确区分各个电子标签。
- 阅读器可以对固定对象和移动对象进行识别。
- 阅读器能够提示读/写过程中发生的错误，并显示错误的相关信息。
- 对于有源电子标签，阅读器能够读出电池信息，如电池的总电量、剩余电量等。

1）阅读器的分类

根据天线与阅读器模块是否分离，可以将阅读器分为集成式阅读器和分离式阅读器（图 2-2-34）。分离式阅读器的天线和阅读器是分离的，通过射频电缆连接，具有灵活更换天线以适应不同应用场合的功能，同时方便一个阅读器连接多个天线。集成式阅读器的天线和射频模块集成在一起，缩小了阅读器的尺寸，降低了成本，容易安装。根据用途，各种阅读器在结构及制造形式上也是千差万别，大致可以将阅读器划分为以下几类：固定式阅读器、便携式阅读器及特殊结构的阅读器。

（a）集成式阅读器

（b）分离式阅读器

图 2-2-34　集成式阅读器和分离式阅读器

（1）固定式阅读器。

固定式阅读器是最常见的一种阅读器（图 2-2-35）。固定式阅读器是将射频控制器和高频接口封装在一个固定的外壳中构成的。有时，为了缩小设备尺寸、降低设备制造成本、便于运输，也可以将天线和射频模块封装在一个外壳单元中，这样就构成了集成式阅读器或者一体式阅读器。

图 2-2-35　固定式阅读器

在物流行业中，利用电子标签可高速读取的特点，通过固定式阅读器实现货物的自动化高速分拣（图 2-2-36）。

图 2-2-36　货物的自动化高速分拣

（2）便携式阅读器。

便携式阅读器是手持使用的电子标签读/写设备，其工作原理与其他形式的阅读器完全一样。便携式阅读器主要用于动物识别、设备检查、付款、服务及测试工作。便携式阅读器一般带有 LCD 显示屏，并且带有键盘面板以便于操作或输入数据（图 2-2-37）。便携式阅读器对系统本身的数据存储量有一定要求。

图 2-2-37　便携式阅读器

在出入库管理中，在托盘上贴上电子标签，利用便携式阅读器将货物信息与仓库库位信息绑定在一起，便于进行货品查找、分拣及出入库作业，可大幅提升作业效率（图 2-2-38～图 2-2-40）。

图 2-2-38　出入库管理

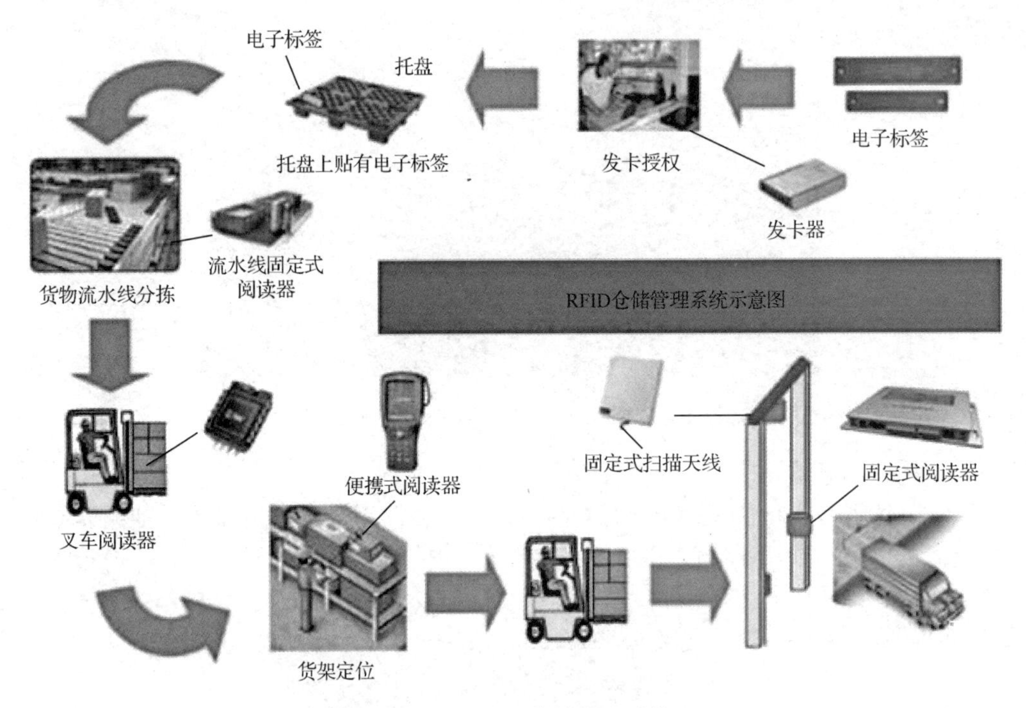

图 2-2-39　RFID 仓储管理系统

图 2-2-40　批量识货

2）阅读器天线

RFID 系统的阅读器必须通过天线来发射能量，形成电磁场，通过电磁场来对电子标签进行识别。因此，天线形成的电磁场范围就是 RFID 系统的可读区域。任何一个 RFID 系统至少应包含一根天线以便发射和接收射频信号。RFID 系统中所采用的天线的形状和数量要根据具体应用来确定。

天线是一种能够将接收到的电磁波转换为电流信号，或者将电流信号转换为电磁波的装置。天线具有多种不同的形式和结构，如偶极天线、双偶极天线、阵列天线、八木天线、平板天线、螺旋天线和环形天线等。工作频率不同，天线的结构也有所区别，其中环形天线主要用于低频和中频的 RFID 系统，用来完成能量和数据的电磁耦合。在 433MHz、915MHz 和 2.45GHz 的 RFID 系统中，主要采用八木天线、平板天线和阵列天线等（图 2-2-41）。

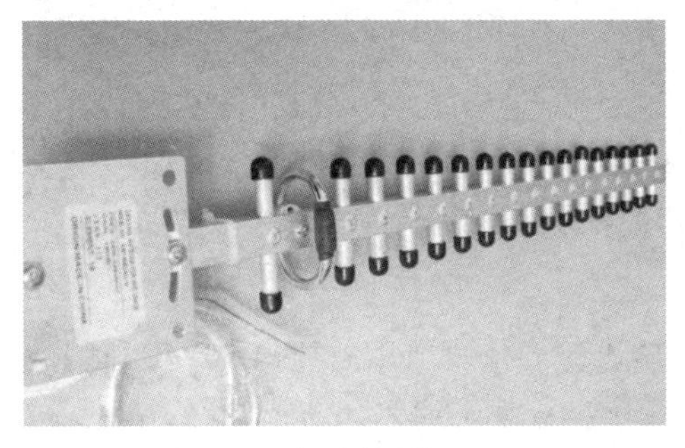

（a）八木天线

（b）平板天线

图 2-2-41　阅读器天线

在目前的超高频与微波系统中，广泛使用平板天线，包括全向平板天线、水平平板天线和垂直平板天线等。

平板天线是一种基于带状线技术的天线，这种天线的特点是高度较小，结构坚固，具有增益高、扇形区方向图好、后瓣小、垂直面方向图俯角控制方便、密封性能可靠及使用寿命长等优点，所以被广泛地应用在 RFID 系统中。平板天线能够使用光刻技术制造出来，所以具有很高的复制性。

3）阅读器优化

RFID 系统大规模应用逐渐普及，而单个阅读器只有有限的读/写范围，为了能够覆盖大面积区域，阅读器必须以一种密集形式进行部署。在这种情况下，必须有效利用每个阅读器的覆盖区域，合理规划每个阅读器的位置，适当配置阅读器的参数。优化阅读器配置不仅能够节约设备成本，还能够减少阅读器射频信号覆盖造成的冲突，提高系统的整体性能。

阅读器的输出功率可通过厂商提供的软件工具进行设置。同一环境下，输出功率越大，阅读器的作用范围也越大，但并非通信效能就高。一般在满足系统运行所需的通信效能的前提下，尽量选小一些的输出功率。

6．RFID 的优点

1）非接触阅读

阅读器可透过非金属材料阅读电子标签，不需要与电子标签直接接触。

2）数据存储容量大

电子标签的数据存储容量大，数据可更新，特别适合于存储数据需要经常改变的情况。条形码的容量是 50B，二维码可存储 3000 个字符，电子标签的容量可达数兆字节。随着记忆载体的发展，数据容量还有不断扩大的趋势。

3）读/写速度快

读/写速度快，可识别高速运动物体，并可同时识别多个电子标签，操作快捷、方便。

4）体积小，易封装

电子标签能隐藏在大多数材料或产品内，可使被标记的货品更加美观。电子标签外形多样化，能封装在纸张、塑胶制品上，使用非常方便。

5）无磨损，使用寿命长

传统条形码的载体是纸张，容易受到污染，但电子标签对水、油和化学药品等物质具有很强的抵抗性。

由于无磨损，电子标签的使用寿命可达10年以上，读/写次数达10万次。

6）动态实时通信

电子标签以每秒50～100次的频率与阅读器进行通信，所以只要电子标签所附着的物体出现在阅读器的有效识别范围内，就可以对其位置进行动态追踪和监控。

7）安全性高

由于RFID承载的是电子式信息，其数据内容可由密码保护，使其内容不易被伪造及泄露，具有较高的安全性。近年来，RFID因其所具备的远距离读取、高存储量等特性而备受瞩目。它不仅可以帮助企业大幅提高货物、信息管理的效率，还可以让销售企业和制造企业互联，从而更加准确地接收反馈信息，控制需求信息，优化整个供应链。

7. RFID的应用

1）射频门禁系统

射频门禁系统可以实现持有效电子标签的车不停车通行，不仅能节约时间，而且能提高路口的通行效率，更重要的是可以对小区或停车场的车辆出入进行实时监控，准确验证出入车辆和车主身份，维护区域治安，使小区或停车场的安防管理更加人性化、信息化、智能化、高效化。

2）电子溯源

溯源技术大致有三种：第一种是RFID，在产品包装上加贴一个带芯片的电子标签，在产品进出仓库和运输时就可以自动采集和读取相关的信息，可以将产品的流向记录在芯片中。第二种是二维码，消费者只需要通过带摄像头的手机拍摄二维码，就能查询到产品的相关信息，查询的记录会保留在系统内，一旦产品需要召回就可以直接发送短信给消费者，实现精准召回。第三种是条形码加产品批次信息（如生产日期、生产时间、批号等），采用这种方式，生产企业基本不增加生产成本。

电子溯源可以实现所有批次产品从原料到成品、从成品到原料的双向追溯功能。电子溯源最大的优点就是数据的安全性高，每个人工输入的环节均被软件实时备份所替代。目前，采用RFID进行食品、药品的溯源在一些城市已经开始试点，包括宁波、广州、上海等，食品、药品的溯源主要解决食品和药品来路的跟踪问题，如果发现了有问题的食品和药品，可以找到问题的根源。

3）商品防伪

商品防伪就是在普通的商品上加一个电子标签，电子标签相当于商品的身份证，伴随商品生产、流通、使用各个环节，在各个环节记录商品各项信息。

8. RFID发展趋势

随着物联网技术的快速发展，RFID逐渐成为物联网感知层的重要组成部分，也得到了各国的高度重视。近年来，我国陆续发布了多项政策支持物联网和RFID的发展，RFID产业的发展趋势将越来越好。

RFID 作为物联网的子行业，位于感知层，是物联网发展的基础，也是实现物联网的前提。物联网应用层的发展必须在感知层的基础上进行，因此若要发展物联网，必须优先发展 RFID。物联网的发展使得应用层需求呈现多元化及复杂化趋势，应用场景不断拓展，新型技术需求不断出现，这推动着感知层相关技术的创新、升级。与其他感知技术（二维码、条形码等）相比，RFID 具备无须接触、无须可视、可完全自动识别等优势，在适用环境、读取距离、读取效率、可读写性方面的限制相对较低。随着物联网的应用范围不断拓展，RFID 将成为重点发展和主流的感知层技术，而未来随着成本的逐步下降，其有望进一步取代二维码、条形码。

智能时代下传统行业变革加快，RFID 需求量提升。人工智能、云计算、大数据、量子计算等新一代智能技术的出现意味着第四次工业革命的序幕悄然拉开，技术社会发展的引擎正由互联网逐步转向智能技术。人类社会迎来智能时代，智能技术应用开始赋能各行各业，行业智能化进程加快，使 RFID 需求量不断提升。

近年来，传感技术、网络传输技术的不断进步使得 RFID 芯片的硬件成本不断下降，基于互联网、物联网的集成应用解决方案不断成熟，RFID 技术在智能化管理等众多领域得到了更广泛的应用。以零售行业为例，近年来，超高频无源 RFID 标签在服装零售行业的应用呈爆发态势，由于该技术可以解决服装零售行业库存高、补货不及时、物流效率低、盘点耗时长等核心问题，快时尚服装连锁品牌 UR、Zara 均采用 RFID 技术实现商品追溯，提高运转效率。此外，无人零售的兴起也使得 RFID 的需求量增长，行业迎来新的发展机会。

超高频 RFID 将成为行业发展重心。在中国，RFID 在电子票证、出入控制、手机支付等领域已经形成了成熟的应用模式，这些领域的应用集中于低频段。在高频应用方面，国内厂商在芯片设计制造、票证制作工艺、封装技术等方面逐渐凸显出强劲的竞争实力和优势，经过数年来的快速发展，国内 RFID 高频产业链不断完善，成为这一市场的中坚力量。

拓　展

全自动电子收费（Electronic Toll Collection，ETC）系统是 RFID 的一个典型应用。它是智能交通系统的服务功能之一，特别适合在高速公路或交通繁忙的桥隧环境中使用。目前，高速公路收费站有专门的 ETC 收费通道（图 2-2-42）。车主只要在车辆前挡风玻璃上安装 ETC 装置（图 2-2-43）并预存费用，通过收费站时便不用人工缴费，也无须停车，高速通行费将从卡中自动扣除，即能够实现自动收费。这种收费系统每车收费耗时不到 2s，其收费通道的通行能力是人工收费通道的 5～10 倍。使用全自动电子收费系统，可以使公路收费走向无纸化、无现金化管理，从根本上杜绝收费票款的流失现象，解决公路收费中的财务管理混乱问题。另外，实施全自动电子收费系统还可以节约基建费用和管理费用。

车牌自动识别技术（图 2-2-44）是指能够检测到受监控路面上的车辆并自动提取车辆牌照信息（含汉字字符、英文字母、阿拉伯数字及号牌颜色）进行处理的技术。车牌自动识别技术是现代智能交通系统的重要组成部分之一，应用十分广泛。它以数字图像处理、模式识别、计算机视觉等技术为基础，对摄像机所拍摄的车辆图像或者视频序列进行分析，得到每辆汽车唯一的车牌号码，从而完成识别过程。通过一些后续处理手段可以实现停车场收费管理、交通流量控制指标测量、车辆定位、汽车防盗、高速公路超速自动化监管、闯红灯电子警察、公路收费站等功能，对于维护交通安全和城市治安、防止交通堵塞、实现交通自动化管理有着重要意义。

图 2-2-42　ETC 收费通道

图 2-2-43　车上的 ETC 装置

图 2-2-44　车牌自动识别技术

（四）其他自动识别技术

1. 自动识别技术概述

自动识别技术能自动采集和识别数据，并自动输入计算机系统。近三十年来，自动识别技术在全世界得到了飞速发展，已逐渐形成条形码识别技术、射频识别技术、生物特征识别技术、图像识别技术等。自动识别技术是能够让物品“开口说话”的一种技术，是物联网中的一项重要技术。

1）自动识别技术的作用与优势

自动识别技术可以实现数据的自动采集和输入，解决计算机应用中数据输入速度慢、出错率高等问题。目前，它已在物资管理、物流仓储、医疗卫生、安全检查、餐饮、旅游、票证管理等国民经济的各行各业和人们的日常生活中得到了广泛应用。

2）自动识别的概念

自动识别是指将信息编码进行定义、代码化，并装载于相关的载体中，借助特殊的设备实现定义信息的自动采集，并将其输入信息处理系统，从而得出结论。

自动识别技术是以计算机技术和通信技术为基础的综合性技术，是数据编码、数据采集、数据标识、数据管理、数据传输的标准化手段。

3）自动识别系统

自动识别系统是一个以信息处理为主的技术系统，它的输入是待识别的信息，输出是已识别的信息。

2. 条形码、二维码

日常生活中，商品条形码和二维码随处可见。例如，超市收银员在扫描商品条形码，对商品价格进行结算之后，消费者就可以扫描二维码完成支付，整个过程既方便又快捷（图 2-2-45、图 2-2-46）。

图 2-2-45　超市收银员扫码读取商品价格

图 2-2-46　扫码设备

条形码技术已经相当成熟，其读取出错率约为百万分之一，首次读取成功率大于 98%，是一种可靠性高、输入快速、准确性高、成本低、应用面广的自动识别技术。

1）条形码

条形码是将宽度不等的多个黑条和白条，按照一定的编码规则排列，用以表达一组信息的图形标识符。常见的条形码是由反射率相差很大的黑条（简称条）和白条（简称空）组成的平行线图案（图 2-2-47）。

图 2-2-47　条形码

为什么用黑色、白色来表示条形码？因为这两种颜色的反射率相差极大，黑色吸收光中的所有颜色，白色反射光中的所有颜色。当然，也可以用其他两种颜色来表示条形码，只要两种颜色有不同的反射率及足够的对比度。

条形码对应字符由一组阿拉伯数字组成，供人们直接识读或通过键盘向计算机输入数据时使用。这一组条、空和相应的字符所表示的信息是相同的。商品上的条形码如图 2-2-48 所示。

图 2-2-48　商品上的条形码

世界上有 225 种以上的条形码，每种条形码都有一套编码规则。较流行的条形码有 39 码、EAN 码、UPC 码、128 码，以及专门用于书刊管理的 ISBN、ISSN 等。

（1）EAN 码。

EAN 码是国际物品编码协会制定的一种条形码，已在全世界得到了广泛应用，超市中最常见的就是 EAN 码。EAN 码有标准版和缩短版两种，缩短版由 8 位数字构成，即 EAN-8 码；标准版由 13 位数字构成，即 EAN-13 码（图 2-2-49）。

图 2-2-49　EAN-13 码

EAN-13 码一般由国家地区代码、厂商识别代码、商品项目代码和校验码四部分组成，如图 2-2-50 所示。

图 2-2-50　EAN-13 码的组成

（2）39 码。

39 码是一种条、空均表示信息的非连续型条形码，主要用于图书及票据的自动化管理，如图 2-2-51 所示。

图 2-2-51　39 码

39 码中包含宽单元和窄单元。宽单元的宽度为窄单元的 1～3 倍，一般选用 2 倍、2.5 倍或 3 倍。39 码的每个条形码由 9 个单元组成（5 个条单元和 4 个空单元），其中 3 个单元是宽单元，其余是窄单元，故称之为 39 码。

2）二维码

条形码自问世以来，得到了广泛应用。但由于条形码的信息容量小，很多描述信息只能依赖于数据库，因此条形码的应用受到了一定的限制。二维码能够在横向和纵向两个方向同时表达信息，因此能在很小的面积内表达大量的信息，如图 2-2-52 所示。

条形码

一个维度（x轴）

二维码

两个维度（x和y轴）

图 2-2-52　条形码、二维码对比

二维码容错能力强，即使有穿孔、污损等局部损坏，也可以正确识读，误码率低。二维码还可以加入加密措施，防伪性好。

二维码有线性堆叠式和矩阵式两种不同的结构，如图 2-2-53 所示。

PDF417

（a）线性堆叠式二维码

Data Matrix

（b）矩阵式二维码

图 2-2-53　线性堆叠式二维码和矩阵式二维码

线性堆叠式二维码在条形码编码原理的基础上，将多个条形码在纵向堆叠，典型的码制有 Code16K、Code49、PDF417 等。

矩阵式二维码通过黑、白像素在矩阵中的不同分布进行编码，典型的码制有 Aztec、Maxi 码、QR 码、Data Matrix、龙贝码、汉信码等。

（1）QR 码。

QR 码（Quick Response Code，高速识读码）是由日本 Denso 公司于 1994 年 9 月研制的一种矩阵式二维码（图 2-2-54）。

300个字符或数字被编进这样大小的QR码中

同样的数据只有条形码的十分之一大小

图 2-2-54　QR 码

QR 码符号共有 40 种规格，版本 1 的规格为 21 码元×21 码元，版本 2 的规格为 25 码元×25 码元。每一版本符号比前一版本每边增加 4 码元，直到版本 40，规格为 177 码元×177 码元，如图 2-2-55 所示。

（2）Data Matrix。

Data Matrix 主要用于电子行业小零件的标识，两条邻边（左边的和下面的）为暗实线，形成一个 L 形边界，如图 2-2-56 所示。

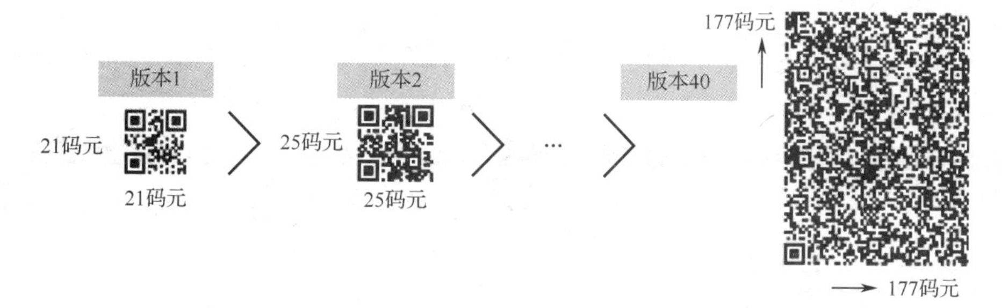

图 2-2-55　QR 码版本规格

图 2-2-56　Data Matrix

（3）龙贝码。

龙贝码是中国人发明的二维码，是具有国际领先水平的全新码制，拥有完全自主知识产权，如图 2-2-57 所示。

图 2-2-57　龙贝码

（4）汉信码。

汉信码是我国拥有自主知识产权的一种二维码，是目前唯一一种全面支持汉字的二维码，如图 2-2-58 所示。

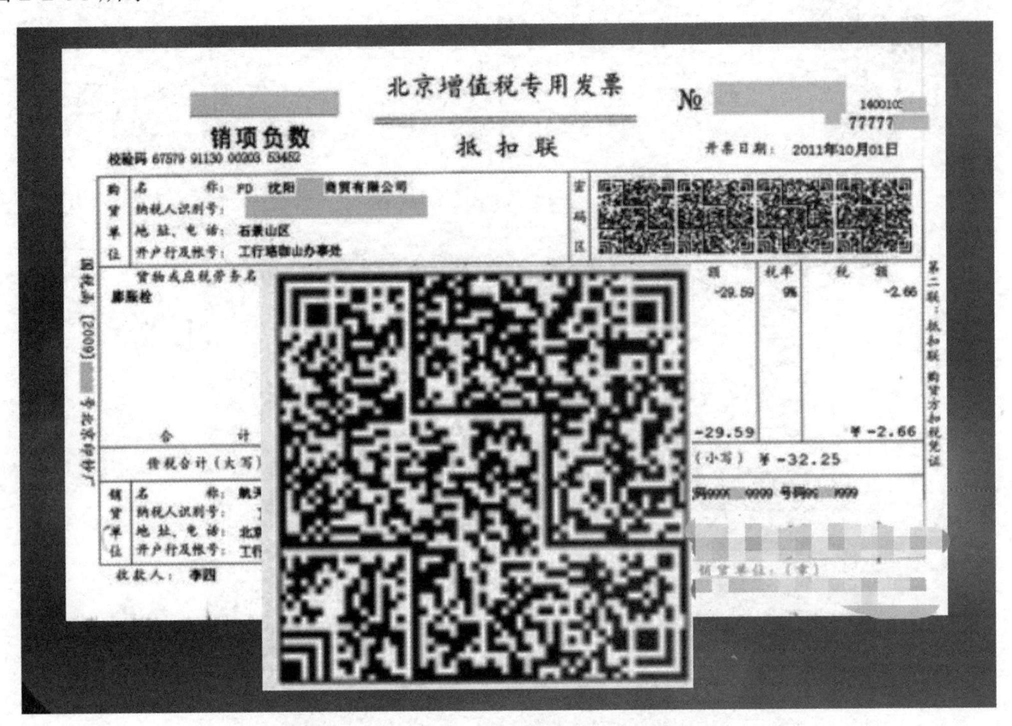
北京增值税专用发票

№

销项负数

校验码 67579 91130 00303 53452

抵扣联

开票日期：2011年10月01日

购货单位　名称：PD 沈阳　商贸有限公司

纳税人识别号：

地址、电话：石景山区

开户行及帐号：

密码区

货物或应税劳务名称　膨胀栓

-29.59　-2.66

合　计　¥-29.59　¥-2.66

价税合计（大写）　（小写）¥-32.25

销货单位　名称：

纳税人识别号：

地址、电话：

开户行及帐号：

收款人：李四

第二联：抵扣联　购货方扣税凭证

图 2-2-58　汉信码

3）识读设备（图 2-2-59）

① 光笔——只能识读条形码。

② 激光式识读设备——只能识读条形码和线性堆叠式二维码。

③ 图像式识读设备——不仅可以识读条形码，还可以识读线性堆叠式和矩阵式二维码。

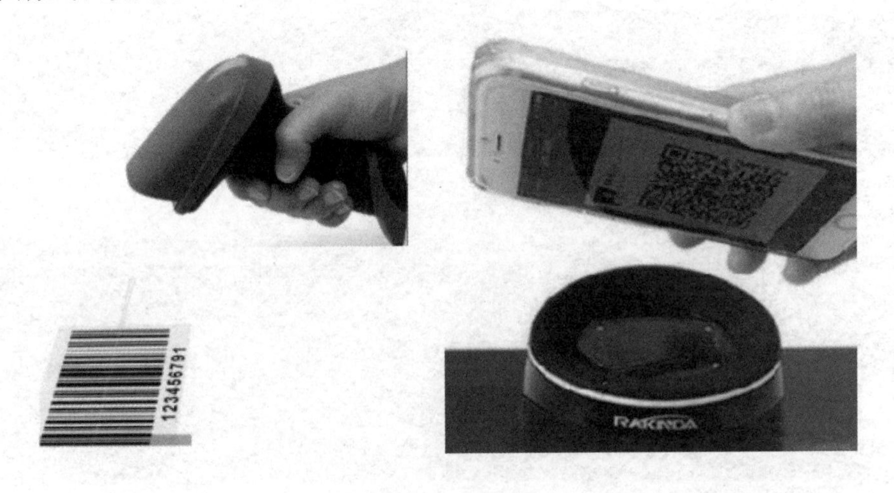

图 2-2-59　识读设备

3. 指纹识别

1）指纹识别技术介绍

指纹识别技术把一个人同他的指纹对应起来，通过指纹对比实现身份验证。每个人的皮肤纹路（包括指纹）各不相同，是唯一的和稳定的，指纹识别技术正是基于这种唯一性和稳定性。

指纹识别技术是目前较为成熟且价格便宜的生物特征识别技术之一。目前来说，指纹识别技术应用最为广泛，在门禁、考勤系统中可以看到指纹识别技术的身影。市场上有很多商品都采用了指纹识别技术，如笔记本电脑、手机、汽车等。

随着科技的进步，指纹识别技术开始进入计算机世界。许多公司和研究机构都在指纹识别技术领域取得了突破性进展，推出了许多指纹识别技术与传统 IT 技术相结合的应用产品，这些产品已经被越来越多的用户所认可。

2）指纹识别技术的发展历程

（1）第一代指纹识别技术。

最早的光学式指纹读取器（图 2-2-60）主要用于用户登录时的身份鉴定，这属于第一代指纹识别技术。由于光不能穿透皮肤表层（死性皮肤层），所以这种指纹读取器只能扫描手指皮肤的表面，或者扫描死性皮肤层，不能深入真皮层。在这种情况下，手指表面的干净程度直接影响识别的效果。如果用户手指上有较多的灰尘，就会出现识别出错的情况。并且，如果人们按照手指做一个指纹手模，也可能通过识别系统，所以其安全性不高。

图 2-2-60　光学式指纹读取器

（2）第二代指纹识别技术。

后来出现了电容传感器（图 2-2-61），这种传感器表面采用硅材料，容易损坏，因此使用寿命不长。另外，它对脏手指、湿手指等的识别率低。

（3）第三代指纹识别技术。

如今出现了射频指纹识别技术，其通过传感器发射射频信号，穿透手指的表皮层来获得最佳的指纹图像（图 2-2-62）。它对干手指、汗手指、脏手指等困难手指的识别率高达 99%，防伪能力强。

图 2-2-61　电容传感器

图 2-2-62　射频指纹识别技术

4．人脸识别

人脸识别是基于人的脸部特征信息进行身份识别的一种生物识别技术，用摄像机或摄像头采集人脸图像或视频流，并自动检测和跟踪人脸，进而对检测到的人脸进行识别。

1）人脸识别的内容

（1）人脸检测。

人脸检测是指在动态的场景与复杂的背景中判断是否存在人脸，并分离出人脸。一般有下列几种方法。

① 参考模板法。

首先设计一个或数个标准人脸的模板，然后计算采集的样品与标准模板之间的匹配程度，并通过阈值来判断是否存在人脸。

② 人脸规则法。

人脸具有一定的结构分布特征，提取这些特征，生成相应的规则，以判断测试样品是否包含人脸。

③ 样品学习法。

采用模式识别中人工神经网络的方法，即通过对人脸样品集和非人脸样品集的学习产生分类器。

④ 肤色模型法。

这种方法依据面貌、肤色在色彩空间中分布相对集中的规律来进行检测。

⑤ 特征子脸法。

这种方法是将所有人脸集合视为一个人脸子空间，并基于测试样品与其在子空间的投影之间的距离判断是否存在人脸。

上述 5 种方法在实际检测系统中可综合采用。

（2）人脸跟踪。

人脸跟踪是指对检测到的人脸进行动态目标跟踪，具体可采用基于模型的方法或基于运动与模型相结合的方法。此外，利用肤色模型跟踪也是一种简单而有效的手段。

（3）人脸比对。

人脸比对是指对检测到的人脸进行身份确认或在人脸库中进行目标搜索。也就是说，将采样得到的人脸与人脸库中的人脸依次进行比对，找出最佳匹配对象。对人脸的描述决定了人脸识别的具体方法与性能。目前主要采用特征向量法与面纹模板法两种描述方法。

① 特征向量法。

该方法是先确定人脸五官轮廓的大小、位置、距离等属性，再计算出它们的几何特征量，由这些特征量形成描述人脸的特征向量。

② 面纹模板法。

该方法是在库中存储若干标准人脸模板或人脸器官模板，在进行比对时，将采样人脸所有像素与库中所有模板采用归一化相关量度量进行匹配。此外，还有采用模式识别的自相关网络或特征与模板相结合的方法。

2）人脸识别流程

人脸识别流程主要包括：人脸图像采集及检测、人脸图像预处理、人脸图像特征提取及

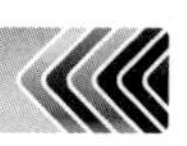

人脸图像匹配与识别。

（1）人脸图像采集及检测。

利用采集设备（如摄像头）采集人脸图像，如静态图像、动态图像等。当用户在采集设备的拍摄范围内时，采集设备会自动搜索并拍摄用户的人脸图像。

人脸检测在实际中主要用于人脸识别的预处理，即在图像中准确标定出人脸的位置和大小。人脸图像中包含的模式特征十分丰富，如直方图特征、颜色特征、模板特征、结构特征等。人脸检测就是基于这些特征进行的（图 2-2-63）。

图 2-2-63　人脸检测

（2）人脸图像预处理。

人脸图像预处理是基于人脸检测结果对图像进行处理并最终服务于特征提取的过程。系统获取的原始图像由于受到各种条件的限制和随机干扰，往往不能直接使用，必须对它进行灰度校正、噪声过滤等图像预处理。对于人脸图像而言，其预处理过程主要包括人脸图像的光线补偿、灰度变换、直方图均衡化、归一化、几何校正、滤波及锐化等。

（3）人脸图像特征提取。

人脸识别系统可使用的特征通常分为视觉特征、像素统计特征、人脸图像变换系数特征、人脸图像代数特征等。人脸图像特征提取就是针对人脸的某些特征进行的，它是对人脸进行特征建模的过程。人脸图像特征提取的方法分为两大类：一类是基于知识的表征方法，另一类是基于代数特征或统计学习的表征方法。

基于知识的表征方法主要根据人脸器官的形状描述及它们之间的距离特性来获得有助于人脸分类的特征数据，其特征分量通常包括特征点间的欧氏距离、曲率和角度等。人脸由眼睛、鼻子、嘴、下巴等局部构成，对这些局部和它们之间结构关系的几何描述，可作为识别人脸的重要特征，这些特征称为几何特征。基于知识的表征方法主要包括基于几何特征的方法和模板匹配法。

（4）人脸图像匹配与识别。

这是指将提取的人脸图像的特征数据与数据库中存储的特征模板进行匹配，设定一个阈值，当相似度超过这一阈值时，把匹配得到的结果输出。这一过程又分为两类：一类是确认，即一对一进行图像比较的过程；另一类是辨认，即一对多进行图像匹配的过程。

3）人脸识别技术的应用

人脸识别技术主要用于身份识别。采用人脸识别技术可以从监控视频和图像中实时查找人脸，并与人脸数据库进行实时比对，从而实现快速身份识别。人脸识别技术被广泛用于公共安全、电子商务、企业考勤等领域。

（1）公安刑侦破案。

例如，在机场或车站通过人脸识别技术抓捕在逃案犯。

（2）门禁系统。

人脸识别技术可用于企业、住宅门禁系统，如人脸识别门禁考勤系统（图 2-2-64）、人脸识别防盗门等。

图 2-2-64 人脸识别门禁考勤系统

（3）摄像监视系统。

可在机场、体育场、大型市场等公共场所安装摄像监视系统，保障公共安全。

（4）网络安全应用。

在网络支付中，利用人脸识别技术可以很好地防止非法使用账户。

4）人脸识别技术的发展趋势

人脸识别技术应用最广泛的领域是安防行业，它不仅给整个安防行业注入了新的生命力，而且开拓了新的市场。安防行业未来的发展方向是智能视频分析，其中最重要的技术就是人脸识别技术。

大数据深度学习进一步提升了人脸识别技术的精确度，将其应用于互联网金融行业，能

够快速普及金融级应用。

人脸识别技术由于其便利性、安全性，可在智能家居中用于门禁系统及鉴权系统。因此，智能家居与人脸识别技术的融合是未来发展的重点方向之一。智能家居中的人脸识别系统基于嵌入式操作系统和嵌入式硬件平台，具有结合度高、实用性强等特点。

拓　展

物联网感知层是物联网伸向世界的“触角”，是海量数据的主要来源，也是应用服务的基础。没有感知层对海量数据的采集，就不会有应用层对数据的使用。可以说，感知层采集到的海量数据是物联网时代的“石油”，作用非常重要（图 2-2-65）。

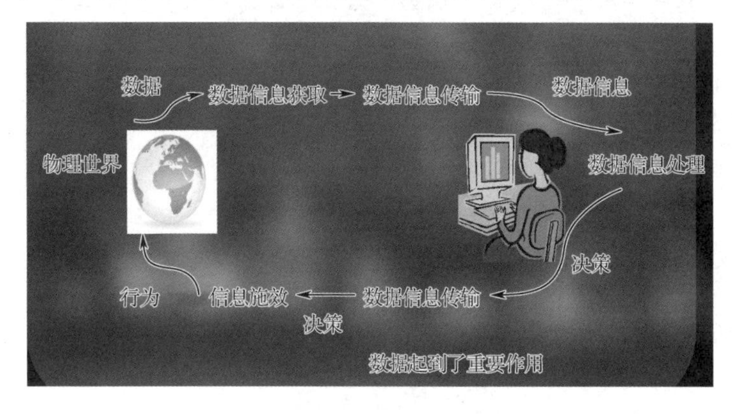

图 2-2-65　数据在物联网中的重要作用

数据信息安全的最终目标是确保信息的机密性、完整性、可认证性、可用性和物理安全，确保用户对系统资源的控制，保障系统安全、稳定、可靠运行（图 2-2-66）。

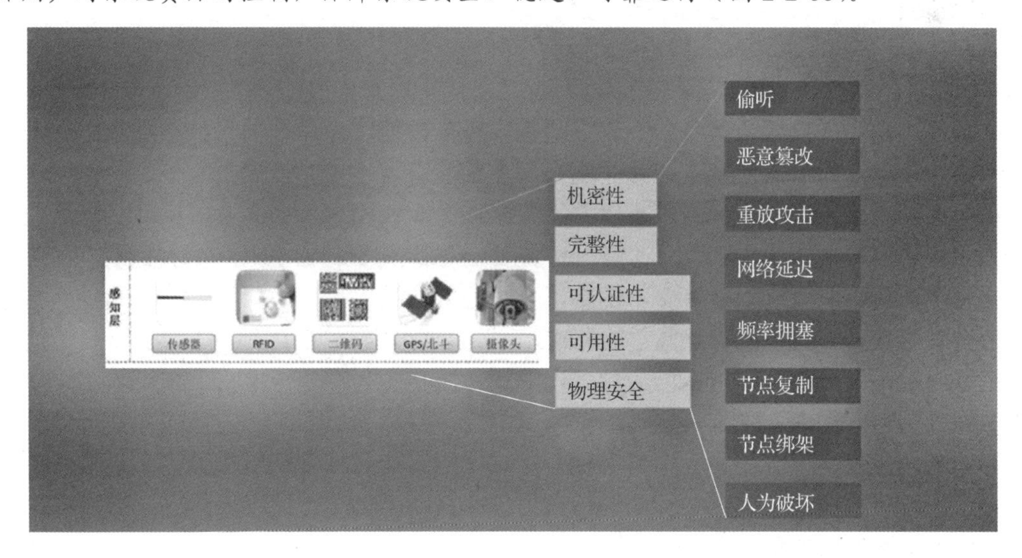

图 2-2-66　数据信息安全

在过去几年里，物联网设备的数量正在迅速增长。据分析公司 Gartner 称，到 2020 年，全球物联网设备将超过 260 亿部，而 2016 年仅为 60 亿部。作为一种新技术，物联网的行业标准及相关管理刚刚起步，但物联网设备基数大、扩散快、技术门槛低，不得不重视安全问题。

未来物联网面临以下几大安全挑战。

一是过时的硬件和软件。如果不能定期更新硬件和软件，不仅会导致客户的数据被泄露，还会导致制造商的数据被泄露。

二是使用弱凭证和默认凭证。许多物联网公司正在销售物联网设备，并向消费者提供默认凭证。黑客只要掌握了用户名和密码就可以攻击这些设备。Mirai 僵尸网络攻击就是一个例子，这些设备使用的正是默认凭证。消费者应该在获得设备后立即更改默认凭证，但大多数制造商都没有在说明书中说明如何进行更改。

三是大量的恶意软件和勒索软件。例如，黑客可能通过入侵一个摄像头来窃取家庭或办公室的机密信息。攻击者会加密网络摄像头系统，不允许用户访问任何信息。

四是数据保护和安全挑战。物联网中的数据在几秒内就能在多个设备之间传输，前一分钟存储在移动设备中，下一分钟就可能存储在网络上，然后存储在云端。这些数据都是通过互联网传输的，这可能导致数据泄露，因为并不是所有传输或接收数据的设备都是安全的。

二、从智慧商超看物联网的数据传输

（一）物联网的中枢系统

活动：

物联网系统在运行中会产生大量的数据信息，而传输这些信息的链路就构成了物联网的中枢系统，它们是万物互联的“土壤”，下面通过分析智慧商超架构，了解数据传输链路及数据传输方式。

1．智慧商超架构

如今各类超市提供给消费者的购物方式越来越多样化，商品门类也数不胜数，给人们的生活和工作带来了极大的便利。但是，超市商品价签管理、更新需要投入极大的人力成本，尽管如今已经使用条形码，但管理难度并没有降低多少。同时，商品位置错乱、商品失窃也是令人头疼的事，尤其是做活动或者购物高峰期，商品的及时补充成了一大难题。价签错误、货物指引及消费结账会给消费者带来困扰，一天的营业结束后，还要经过员工的盘点才能了解超市详细状况。如果改为智慧商超的模式，那么这些问题将迎刃而解。

智慧商超不仅是物联网技术的一种表现形式，而且可为零售行业提供全新的服务理念，真正做到以顾客的需求为主导，顾客的主体地位会得到加强。同时，它还能为顾客提供私密的选购体验，使顾客不再被各种销售手段所左右，所有购买行为均能体现顾客意志。改革开放以来，从百货大楼到超市，顾客的购物自由程度在不断提高，这不但体现了购物形式的转变，更体现了服务理念的转变。

利用物联网技术、传感器技术、RFID 技术、ZigBee 技术和通信网络技术等，可搭建图 2-2-67 所示的智慧零售平台，实现以下功能。

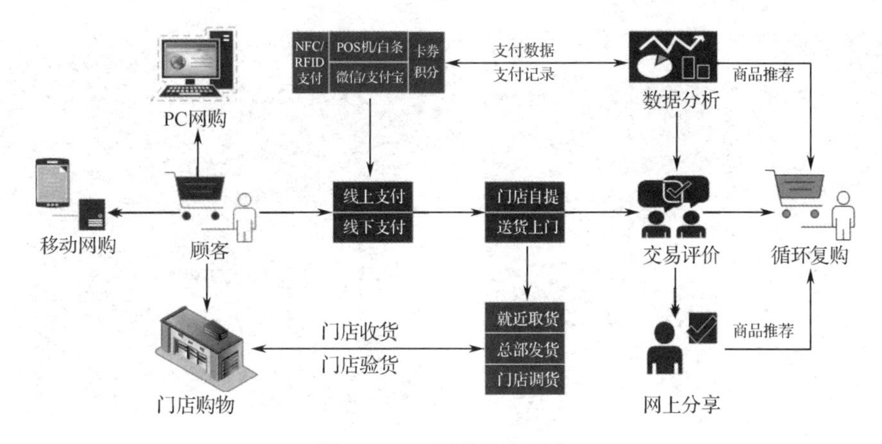

图 2-2-67　智慧零售平台

（1）顾客身份自动识别（刷脸、刷卡、扫描二维码等）和顾客流量监控。

（2）自动结算，顾客无须操作即可完成结算。

（3）商品管控。

（4）商品智能识别和动态监控。

（5）电子价签自动生成、补货提醒。

（6）智能调节环境温度、光照及空气质量等。

（7）无人值守或者投入少量人力。

（8）实时盘点店铺财务状况，给出运营策略及调整方案。

（9）支持线上（PC 端和移动端）、线下多种购物方式，满足不同顾客的需求。

（10）根据顾客的购物习惯推送合适的商品供顾客选择，提升顾客购物体验。

智慧商超大量的接入设备处于物联网的感知层，也有一部分布置在应用层，如闸机和环境系统等。按照智慧商超的功能和目前已经在使用的无人超市布局方案，可以把所用到的设备简单罗列出来，以京东无人超市为例，如图 2-2-68 所示。

图 2-2-68　京东无人超市

图 2-2-68　京东无人超市（续）

智慧商超部分设备列表见表 2-2-1。

表 2-2-1　智慧商超部分设备列表

序　　号	设 备 名 称	通 信 协 议
1	光纤 Modem	TCP/IP
2	交换机	TCP/IP
3	客流统计器	Wi-Fi
4	网络相机	
5	无线路由器	
6	移动式 RFID 阅读器	
7	Android 收银主机	Wi-Fi、TCP/IP
8	中心服务器	
9	固定式 RFID 阅读器	RS232
10	电子标签读卡器	
11	会员卡、储值卡发卡器	RS485
12	门禁系统	
13	防盗报警系统	
14	特高频电子标签	ISO 18000—6B、ISO 18000—6C
15	超高频电子标签	
16	红外宝	远程红外技术
17	POS 机	NB-IoT、Wi-Fi
18	温湿度传感器	ZigBee
19	烟雾探测器	
20	光照探测器	
21	电动窗帘	—

2．数据传输链路

下面以京东无人超市购物流程为例进行介绍。

（1）注册，获取身份二维码（图 2-2-69）。

图 2-2-69　获取身份二维码

（2）扫码进店，如图 2-2-70（a）所示。

（3）浏览商品，如图 2-2-70（b）所示。

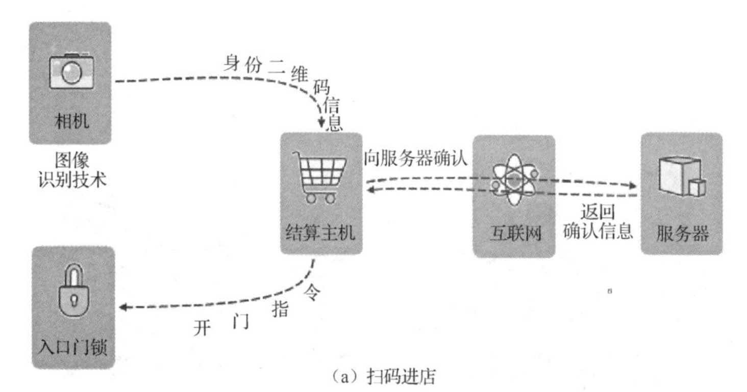

（a）扫码进店

（b）浏览商品

图 2-2-70　扫码进店、浏览商品

（4）通过电子标签和二维码确定购买的商品，商品信息通过互联网传递给服务器，系统结算之后直接在京东 App 中扣款，结算流程如图 2-2-71 所示。

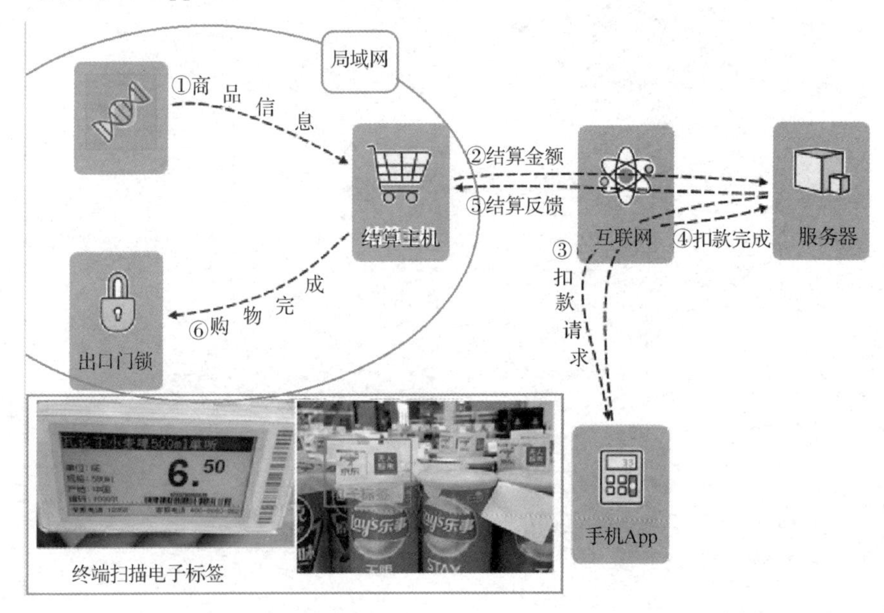

图 2-2-71　结算流程

（5）结算完成后，超市出口的门会自动打开（图 2-2-72）。

图 2-2-72　完成购物后自动开门

由以上购物流程不难发现，各种设备都要通过局域网或互联网完成数据交换，所以网络层作为物联网的中枢系统所起的作用就不言而喻了。

3．数据传输方式

数据传输方式有单工、半双工和全双工，应根据使用场合来选择。

单工：收音机就采用单工传输，电台只能发送信号，不能得到收音机的反馈信号，而收音机只能接收信号，不能发送信号。

半双工：对讲机就采用半双工传输，可以发送信号，也可以接收信号，但是同一时刻只能发送或者接收信号。

全双工：是指在同一时刻既可以接收信号也可以发送信号的通信模式，手机就采用全双工通信。

（二）网络通信技术

1．光纤通信

光纤（图 2-2-73）是光导纤维的简称，它是一种由玻璃或塑料制成的纤维，可作为光的传导介质，利用光的全反射原理将信息以光速从一端传输至另一端，可以在短时间内传输大量信息。由于在传输过程中光发生全反射，所以光信号不会在传输过程中发生衰减，可以超长距离传输。

图 2-2-73　光纤

光纤通信属于有线通信，光经过调制后能够承载大量信息。自 20 世纪 80 年代开始，光纤通信就对电信工业产生了革命性的影响，在信息时代更是扮演了非常重要的角色。光纤通信容量大、保密性好，目前已成为主要的有线通信方式。

光纤通信的特点如下。

① 通信容量巨大，传输距离远，无中继传输距离可达几十甚至上百千米。

② 光纤尺寸小、重量轻，便于铺设和运输。

③ 材料来源丰富，有利于节约金属材料。

④ 使用过程中几乎无耗损，使用寿命长。

⑤ 光纤质地脆，机械强度低。光缆的剥切与熔接需要专门的工具和技术。

⑥ 信号对周围环境干扰极小，保密性能极好。

⑦ 抗电磁干扰能力强，传输质量好。

2．TCP/IP

TCP/IP 是互联网中最基本的通信协议。TCP/IP 对互联网中通信的标准和方法进行了规定。

TCP/IP 在一定程度上参考了 OSI 的体系结构。OSI 的模型共有七层，自下往上分别是物理层、数据链路层、网络层、运输层、会话层、表示层和应用层。TCP/IP 将其简化后，采用了四层结构，具体如下。

应用层：应用层是 TCP/IP 的第一层，直接为应用进程提供服务。

运输层：运输层是 TCP/IP 的第二层。

网络层：网络层是 TCP/IP 的第三层，主要负责网络连接的建立和终止，以及 IP 地址的寻找等。

网络接口层：这是 TCP/IP 的第四层，是传输数据的物理媒介，负责为上一层提供通信线路。

3．Wi-Fi

Wi-Fi 是无线网络技术，其发明人是悉尼大学工程系毕业生约翰·奥沙利文。

Wi-Fi 联盟定义的版本和 IEEE 技术标准的对应关系见表 2-2-2。

表 2-2-2　Wi-Fi 联盟定义的版本和 IEEE 技术标准的对应关系

Wi-Fi 联盟定义的版本	IEEE 技术标准
Wi-Fi 1	802.11b（1999 年）
Wi-Fi 2	802.11a（1999 年）
Wi-Fi 3	802.11g（2003 年）
Wi-Fi 4	802.11n（2009 年）
Wi-Fi 5	802.11ac（2014 年）
Wi-Fi 6	802.11ax（2018 年）

Wi-Fi 与有线网络相比存在以下缺点。

① 通信双方需要在通信之前建立连接。

② 通信双方须采用半双工通信方式。

③ 通信时在网络层以下出错的概率非常大，所以帧的重传概率很大，需要在网络层之下的协议中添加重传的机制。

④ 数据是在无线环境下传输的，相对开放的环境会使抓包非常容易，存在安全隐患。

⑤ 因为收发无线信号，所以功耗较大，对电池来说是一个考验。

⑥ 吞吐量低，这一点正在逐步改善。

4．ZigBee

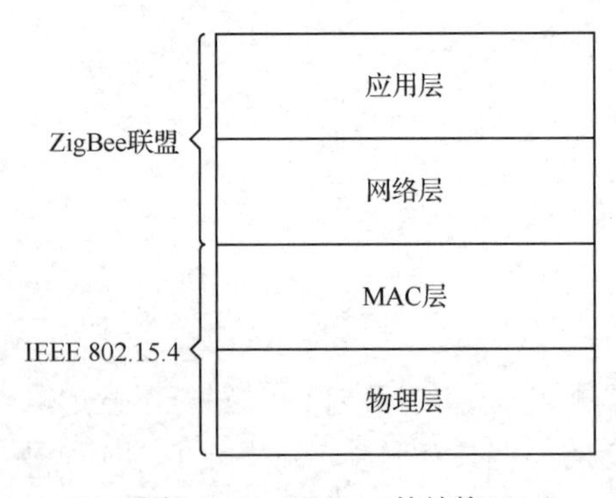

图 2-2-74　ZigBee 的结构

ZigBee 是基于 IEEE 802.15.4 标准的局域网协议，是一种短距离、低功耗的无线通信技术。其主要特点是低速、低耗电、低成本、支持大量节点、支持多种网络拓扑、低复杂度、可靠、安全等。

ZigBee 属于高级通信协议，主要规定了网络的无线协议、通信协议、安全协议和应用需求等方面的标准，其有效传输速率可以达到 300kbit/s。和计算机通信模式类似，ZigBee 的结构分为 4 层，分别是物理层、MAC 层、网络层和应用层（图 2-2-74）。其中，应用层与网络层由 ZigBee 联盟定义，而 MAC 层和物理层由 IEEE 802.15.4 标准定义。各层的作用如下。

① 物理层：作为 ZigBee 结构的底层，提供最基础的服务，如数据接口等，同时起到与现实世界交互的作用。

② MAC 层：负责不同设备之间无线数据链路的建立与维护。

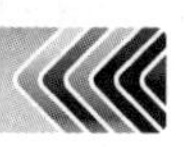

③ 网络层：保证数据传输的完整性，同时对数据进行加密。

④ 应用层：根据设计目的和需求在多个设备之间进行通信。

ZigBee 组网方式有以下两个特点。

① 一个 ZigBee 网络的理论最大节点数是 65536 个，远远超过蓝牙的 8 个和 Wi-Fi 的 32 个。

② 网络中的任意节点之间都可进行数据通信。在有节点加入和撤出时，网络具有自动修复功能。ZigBee 网络拓扑结构图如图 2-2-75 所示。

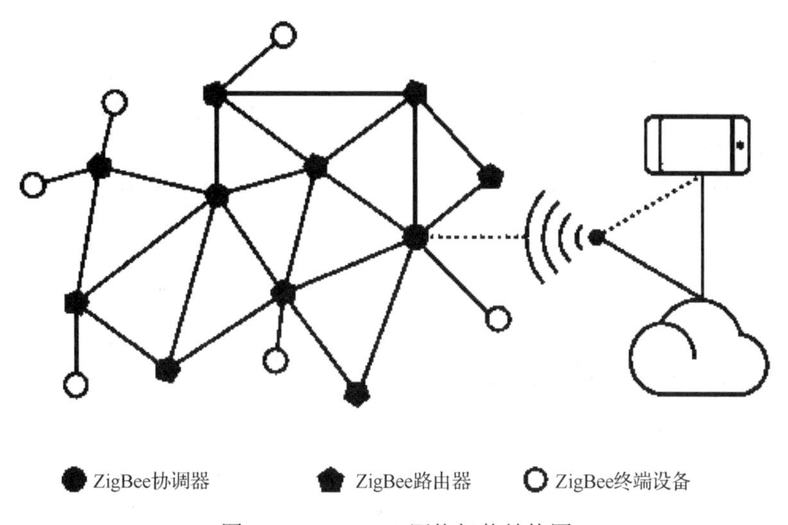

图 2-2-75　ZigBee 网络拓扑结构图

ZigBee 技术适用于数据量小、网络建设投资少、网络安全要求较高、不便频繁更换电池或充电的场合，在消费类电子设备、家庭智能化、工控、医用设备控制、农业自动化等领域获得了广泛应用。

5．蓝牙

蓝牙由 Jaap Haartsen 博士在 1994 年发明，当时他供职于爱立信公司。1998 年，爱立信、诺基亚、东芝、IBM 和 Intel 五家公司共同推出蓝牙技术标准。蓝牙最初的设计目的是代替 RS232 串口通信技术。蓝牙的工作频率为 2.4～2.485GHz，属于扩展频谱，采用跳频全双工信号，需要专用的芯片、电路、软件、连接设备来实现无线传输数据。

蓝牙设备是其技术应用的主要载体，常见蓝牙设备有笔记本电脑、手机等。蓝牙设备搭载蓝牙模块，支持蓝牙无线连接与软件应用。蓝牙设备必须在一定范围内进行配对，这种配对称为短程临时网络模式，最多允许 8 台设备相互连接。蓝牙设备连接成功后，主设备只有一台，从设备可以有多台。蓝牙技术具备射频特性，采用了 TDMA 结构与网络多层次结构，应用了跳频技术、无线技术等，具有传输速率高、安全性高等优势。

蓝牙作为一种小范围无线连接技术，能在设备间实现方便快捷、灵活安全、低成本、低功耗的数据通信和语音通信，因此它是目前实现无线个域网通信的主流技术之一。

6．RS232 与 RS485

RS232（又称 EIA RS232）是常用的串行通信接口标准之一，它是由美国电子工业协会

（EIA）联合贝尔系统公司、调制解调器厂家及计算机终端生产厂家于 1970 年共同制定的，目前很多计算机仍有 RS232 通信接口。

RS232 总线规定了 25 条信号线，包含两个信号通道，即第一通道（称为主通道）和第二通道（称为副通道）。利用 RS232 总线可以实现全双工通信，通常使用的是主通道，而副通道使用较少。在一般应用中，使用 3～9 条信号线就可以实现全双工通信。

RS232 规定的标准传输速率有 50bit/s、75bit/s、110bit/s、150bit/s、300bit/s、600bit/s、1200bit/s、2400bit/s、4800bit/s、9600bit/s、19200bit/s，可以灵活地适应不同传输速率的设备。对于慢速外设，可以选择较低的传输速率；反之，可以选择较高的传输速率。

RS485 是一个定义平衡数字多点系统中驱动器和接收器的电气特性的标准。使用该标准的数字通信网络能在远距离条件下及电子噪声大的环境下有效传输信号。RS485 使得廉价本地网络及多支路通信链路的配置成为可能。

当通信距离为几十米到上千米时，可采用 RS485 串行总线。RS485 采用平衡发送和差分接收，因此具有抑制共模干扰的能力，总线收发器具有高灵敏度，能检测低至 200mV 的电压，故传输信号能在千米以外得到恢复。RS485 采用半双工工作方式，任何时候只能有一点处于发送状态，因此，发送电路须由使能信号加以控制。

7．ISO 18000—6B 与 ISO 18000—6C

ISO 18000—6B 标准是 RFID 超高频协议标准中的一个。ISO 18000—6B 标准定位于通用标准，应用相对成熟，产品性能相对稳定，数据格式和标准相对简单。其主要特点有产品稳定、标准成熟、应用广泛、ID 号全球唯一、大容量、多标签同时读取。符合 ISO 18000—6B 标准的电子标签主要用于资产管理等领域。目前国内开发的集装箱标识电子标签、公交车牌电子标签和商超产品电子标签均采用符合此标准的芯片。但是，近几年 ISO 18000—6B 标准发展缓慢，在大部分应用中已经逐渐被 ISO 18000—6C 标准所取代。ISO 18000—6C 标准的数据传输速率为 40～640kbit/s，同时读取的标签数量达到 1000 多个，安全性也得到了极大提升，因此目前很多智慧商超的电子标签选用这种技术标准。

8．NB-IoT

NB-IoT 指窄带物联网，又称蜂窝物联网，是一种低功耗广域（LPWA）网络技术标准，是物联网技术的重要组成部分。其工作频率约为 180kHz，可以直接部署在 GSM/LTE 网络架构中，用于连接使用无线蜂窝网络的各种智能传感器和设备。NB-IoT 技术可以理解为 LTE 技术的“简化版”，NB-IoT 网络是基于现有 LTE 网络的广域网。

LTE 网络连接的是手机，直接服务对象是人，主要提供互联网资讯；而 NB-IoT 网络连接的是智能设备，为物联网终端服务。由于工作频率和工作模式的调整，NB-IoT 可以提供广域网数据连接，并具有低功耗的特点。

NB-IoT 具有以下特点。

① 与之前的标准相比，NB-IoT 区域覆盖面积扩大了几十倍，连接能力增大数倍，功耗更低，NB-IoT 终端设备的待机时间可延长数年，更低的成本使得入网门槛更低。

② NB-IoT 聚焦于低功耗、广覆盖物联网市场，是一种可在全球范围内广泛应用的新兴技术，可以与现有 LTE 网络共存。

③ 很多设备商和运营商都在开展 NB-IoT 研究，标准、芯片、网络及应用场景都会走向

成熟。

NB-IoT 技术已经广泛应用于智能抄表、消防系统、智能停车、车辆跟踪、物流监控、智慧农林牧渔业、智能穿戴、智慧家庭、智慧社区、智慧城市等领域。

9．LoRa

LoRa 是一种基于扩频技术的超远距离无线传输方案，工作频率在 1GHz 以下。其原型由法国 Cycleo 公司开发，2012 年这家公司被美国 Semtech 公司以约 500 万美元的价格收购之后便推出了现在的 LoRa（图 2-2-76），并于 2013 年发布了 LoRa 芯片。

图 2-2-76　LoRa 商标

LoRa 有以下特点。

① 远距离：信号强度在 150dB 以上，有效距离约为 15km。

② 搭建系统简便：LoRa 的模组成本约为 5 美元，与 NB-IoT 相当，每个网关可连接 6 万多个终端；工作在免牌照频段，降低了通信成本。

③ 功耗低：收发信息时工作电流为 10mA，休眠时电流小于 200nA，一般电池寿命可达 10 年，选用基本没有自损的电池，完全可以支撑一台设备的整个生命周期。

LoRa 的网络架构比较简单，终端节点采集数据，然后把数据发送给网关基站，再汇总到网络服务器，最后供终端应用使用，如图 2-2-77 所示。

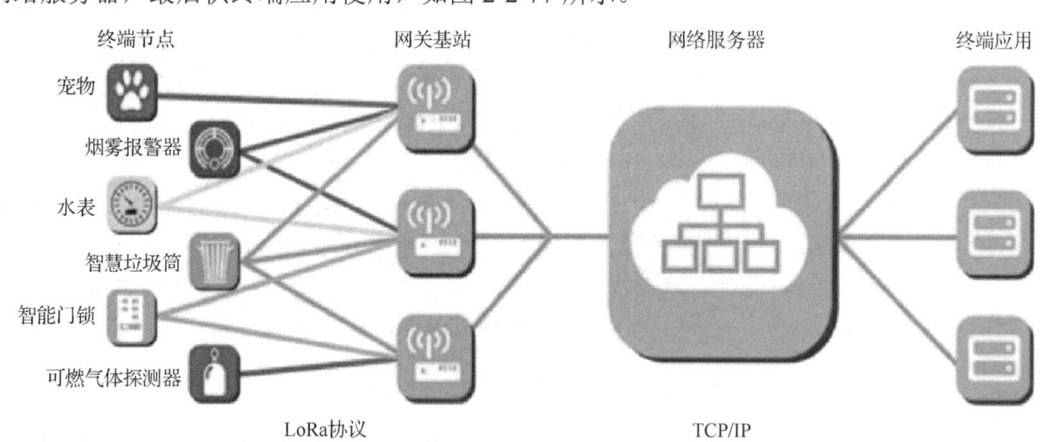

图 2-2-77　LoRa 的网络架构

LoRa 与 NB-IoT 有很多相似的地方，二者的对比见表 2-2-3。

表 2-2-3　LoRa 与 NB-IoT 技术对照表

项　　目	LoRa	NB-IoT
特点	线性扩频	蜂窝网络
网络建设要求	运营商基站	独立建设
工作频率	1GHz 以下	180kHZ
传输距离	基站覆盖区域	20km
每个基站连接数量	20 万	20 万～30 万

10. 红外通信技术

通信领域使用的远程红外通信技术指的是一种基于红外线的数据传输技术，通信介质选用波长在 850～900nm 的红外线。无线电波和微波已被广泛应用在长距离的无线通信中，由于红外线的波长较小，对障碍物的衍射能力差，所以它更适合应用于短距离无线通信中的点对点数据传输。由于制作简单，使用方便，这种技术早已广泛应用于家电遥控器。目前大部分家电遥控器都采用了红外通信技术。为了使各种设备能够通过一个红外接口进行通信，红外数据协议有统一的软硬件规范，即红外通信标准。

红外通信标准包括三个基本的规范和协议：物理层规范、连接建立协议（IrLAP）和连接管理协议（IrLMP）。物理层规范制定了红外通信硬件设计上的目标和要求。IrLAP 和 IrLMP 为两个软件层，负责对连接进行设置、管理和维护。发送端采用脉时调制方式，将二进制数字信号调制成某一频率的一系列脉冲，并驱动红外发射管以编码脉冲的形式发送出去；接收端将接收到的光脉冲转换为电信号，再将其解码为数字信号，如图 2-2-78 所示。

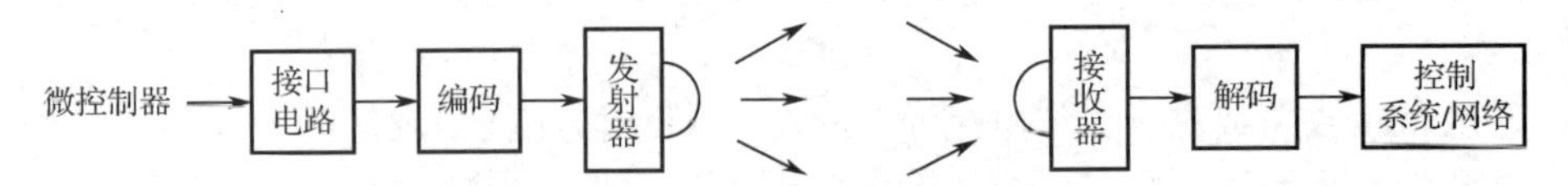

图 2-2-78　红外通信示意图

如今的数据通信方式很多，比红外通信快捷、高效的通信方式也有很多，但应用领域最广的还是红外通信技术，因为它有下列显著优势。

① 红外通信技术便于进行数据的收发，它只是将电脉冲和光脉冲进行转换。

② 红外通信技术采用无线连接，可以进行点对点通信，多个设备只要校对好通信方向，就可以很好地完成指向性的控制，不会影响其他设备。

③ 红外通信技术虽然进行了大量的创新，但仍符合原有的数据传输的相关规定。红外通信进行的是两个设备间的直线数据传输，锥角不超过 30°，所以保密性强。

④ 红外通信技术最显著的优势是传输速率高，这是传统的数据传输方式所不可比拟的，现在常用的传输速率是 4Mbit/s，最先进的 VFIR 技术已达到 16Mbit/s。

11. eMTC

eMTC 的全称是 enhanced Machine-Type Communication，即用于机器之间通信的 LTE 网络。eMTC 基于蜂窝网络进行部署，其用户设备通过支持 14MHz 的射频和基带带宽，可以直接接入现有的 LTE 网络。eMTC 支持上下行最大 1Mbit/s 的峰值速率，可以支持丰富、创新的物联网应用。

发展至今，eMTC 已经有 Category 0～Category 15 共 16 个速率等级。一般来讲，Category 后面的数字越大，通信速率越高。

eMTC 属于窄带物联网技术，具有以下几个特点。

① 系统复杂度低，因而部署难度及成本较低。

② 功耗极低，电池续航可与 NB-IoT 媲美。

③ 网络覆盖能力强。

④ 每个基站终端节点数量达数十万。

⑤ 支持 VoLTE，即语音通信，因此可以应用到紧急呼救相关的物联网设备中。

12. Sigfox

Sigfox 是一种低成本、可靠、低功耗的解决方案，用来连接智能终端设备，是专门为物联网设计开发的一种协议。Sigfox 使用 192kHz 的公共频段来传输信号，采用超窄带的调制方式，每条信息的传输带宽为 100Hz，传输速率为 100bit/s 或 600bit/s，具体速率取决于不同区域的网络配置。Sigfox 能够实现远距离通信，不容易受到噪声的影响和干扰。

系统使用的频段取决于网络部署的区域。例如，在欧洲使用的频段为 868～868.2MHz，在其他一些地方使用的频段为 902～928MHz。具体的部署情况由当地的法律法规决定。Sigfox 能够实现网络随机接入，这也是 Sigfox 实现高质量服务的关键技术。网络和设备之间的数据传输采用异步的方式，设备以随机选择的频率发送消息，然后以不同的频率发送两个副本，这种对频率和时间的使用方式称为"时间和频率分散"。

Sigfox 的特点如下。

① 低功耗。极低的功耗可延长电池寿命，典型的电池供电设备可工作 10 年。

② 简单易用。基站和设备间没有配置流程、连接请求或信令，设备可在几分钟内启动并运行。

③ 低成本。从设备中使用的 Sigfox 射频模块到 Sigfox 网络，Sigfox 会优化每个步骤，使其尽可能具有成本效益。

④ 小数据包。用户设备只允许发送很小的数据包，最多 12 字节。

⑤ 互补性。由于具有低成本和易于使用等特点，所以可以将 Sigfox 作为其他类型网络的辅助解决方案。

13. 移动通信技术（1G～5G）

自 20 世纪 80 年代移动通信诞生以来，每过几年就会发布新一代移动通信技术，每一次技术革新都会给通信方式和生活方式带来不一样的改变。最早出现的是第一代通信技术，即 1G 通信，当时流行的手机如图 2-2-79 所示，比较有代表性的是摩托罗拉生产的 8000X。

1G 通信采用的是模拟通信系统，信号质量差，所以手机一般会配置一个可以调节的天线。由于是模拟通信系统，因此只能完成语音通话功能。

图 2-2-79 1G 通信时代的手机

1995 年，我国进入了 2G 通信时代。2G 通信是数字通信技术的开端，不但提高了系统的安全性，而且使手机具有了短信功能，手机能使用 GSM 网络访问 WAP，网速大约为 10kbit/s。

随着时间的不断推移，人们对移动网络的使用越来越多，要求也越来越高，于是出现了3G 通信，它给人们带来了巨大的便利。

值得一提的是，当时中国发布了在 CDMA 基础之上自主研发的 TD—SCDMA，被国际上广泛关注，这标志着中国从移动通信标准的使用者到研发者的身份转变。1999 年，TD—SCDMA 在法国被正式提案并纳入国际通用标准。

TD—SCDMA 系统采用多种关键技术使得小区内和小区外的干扰基本被抑制，因此具有更大的频谱利用率和容量。TD—SCDMA 系统的特点主要有：各种业务基本同径覆盖，小区呼吸效应不明显，接力切换没有宏分集，切换比较容易控制，上下行容量与时隙比例和最大发射功率有关。

TD—SCDMA 系统采用了以下关键技术。

① 时分双工（Time Division Duplexing）。

② 联合检测（Joint Detection）。

③ 智能天线（Smart Antenna）。

④ 上行同步（Uplink Synchronous）。

⑤ 软件无线电（Soft Radio）。

⑥ 动态信道分配（Dynamic Channel Allocation）。

⑦ 功率控制（Power Control）。

⑧ 接力切换（Baton Handover）。

⑨ 高速下行分组接入（High Speed Downlink Packet Access）。

2013 年，中国移动获得了 4G 牌照，从此开启了 4G 时代。中国移动仍采用自主研发的通信技术 TD—LTE，由于其技术成熟，全国基站建设迅速，网络覆盖几乎无死角，使得其用户量激增。2015 年，中国联通和中国电信也获得了 4G 牌照。

4G 网络的下行速率能达到 100～150Mbit/s，比 3G 快 20～30 倍，上行速率能达到 20～40Mbit/s。

作为全球网络模式的发展方向，5G 网络在实现高速率、低延迟、低功耗和大容量方面有较大提升，对人工智能、无人驾驶等高科技产业发展起到积极推动作用，是物联网发展的重要技术依托。

随着 5G 的到来，行业应用将面临巨大挑战，呈现出差异化、垂直化、个性化的特征。这场由 5G 带来的颠覆传统互联网应用的革命，就是从消费互联网到产业互联网的转变过程。2020 年是 5G 商用的元年，也是物联网进入各行业的重要契机。

14．AI

AI 是 Artificial Intelligence 的缩写，即人工智能。它是使机器模仿人类行为模式的一种技术。它是计算机科学的一个分支，涉及语音识别、图像识别、自然语言处理和智能机器人等领域。

说到人工智能，就不得不提 AlphaGo。2016 年 3 月，AlphaGo 与围棋世界冠军、职业九段棋手李世石进行围棋人机大战，以 4 比 1 的总比分获胜；2016 年年末至 2017 年年初，它在中国棋类网站上以“大师”（Master）为注册账号与中、日、韩数十位围棋高手进行快棋对决，连胜 60 局；2017 年 5 月，在中国乌镇围棋峰会上，它与当时排名世界第一的围棋世界冠军柯洁对战，以 3 比 0 的总比分获胜（图 2-2-80）。

图 2-2-80　柯洁与 AlphaGo 对弈

三、从智慧环境看物联网的数据处理

物联网由于接入网络的形式不断完善，功耗也大幅降低，如今它可以为一座城市的环境、照明和交通赋能，让城市变得更智慧、更节能、更高效。

1．云的产生

数据的交互都要由服务器来完成，服务器的功能是保存和传递数据，这是早期互联网发展中产生的概念。随着人们需求的不断增加，互联网中产生了文字、图片、音频、视频和其他数字信息，以及一些控制策略和复杂运算等，这些极大地丰富了数据和服务的类型，使得存在于互联网中的远程设备不能简单地被称为服务器，可以形象地将其称为“云”。所有信息都在云中，可以是游戏中的数据，可以是聊天信息，也可以是一个网站，还可以是控制算法。

云是可以进行自我维护和管理的虚拟化的计算资源，将大型的服务器、存储服务和带宽资源集中到资源池里，云计算就是将资源池里的数据集中起来，通过自动化调度管理，让用户根据自己的使用需求调用资源，支持复杂的程序运作，无须费心于计算资源，而专注于本身的业务。所以说，云计算其实是一种资源服务。

2．云的发展

云的概念大约在 1988 年由 Sun Microsystems 公司提出，最初的意思是“网络就是计算机”。以 Google 为代表的搜索巨头的出现，使云计算开始萌芽。目前，Google 已经拥有 100 多万台云计算服务器，Amazon、IBM、Microsoft 也分别拥有几十万台云计算服务器。

3. 云计算

云计算是随着处理器技术、虚拟化技术、分布式存储技术、宽带互联网技术和自动化管理技术的发展而产生的。从技术层面讲，云计算基本功能的实现取决于两个关键的因素，一个是数据存储能力，另一个是分布式计算能力。因此，云计算中的云可以细分为存储云和计算云，即云计算=存储云+计算云。

（1）存储云：大规模分布式存储系统。

将一个大型文件放在多个硬盘里，它们之间通过网络连接，仿佛一个巨大的存储空间。

（2）计算云：资源虚拟化+并行计算。

服务器虚拟化：在物理机上模拟创建多个虚拟机，提高硬件资源的利用率，便于大规模系统的灵活管理。

应用虚拟化：可通过多种方式访问虚拟机，如远程桌面访问虚拟机。

4. 云计算的特点

虚拟化：以软件的形式重新划分 IT 资源，便于部署和管理。

按需服务：用户可以像用水用电一样使用云服务。

弹性扩展：根据业务随时调整用量，做到用户无感知。

廉价：相较于传统机柜，云资源可以用多少买多少，避免了物理资源的占地费用、维护费用和资源空置等。

5. 常见云服务

1）华为云

华为云提供的较为热门的应用包括云服务器、CDN 加速、区块链和网站建设等。随着云计算、人工智能、5G 和物联网等技术的兴起，AI 应用、AR/VR、云游戏、云手机、物联网、车联网等新型应用开始爆发，更多样化的应用会汇聚在云上，更多样化的算力会在云上产生。华为云提供鲲鹏、昇腾等多元架构解决方案。

华为云在拥有自身芯片开发优势的前提下，提供公有云、私有云和边缘云服务，通过全球化和本地化深耕全栈式服务，在物理环境、主机、网络、应用、数据和管理六大方面构建安全体系，利用机器学习和人工智能实现智能化安全攻击检测，入侵检测准确率超过 90%。

2）腾讯云

腾讯云是 2010 年左右依托腾讯成熟的 QQ 产业链发展起来的，当时的 QQ、QQ 空间和 QQ 游戏为其积累了大量的客户和资源，在数据的管理上结合互联网上逐渐发展起来的云概念形成了独具特色的云计算平台。经过很长一段时间的技术沉淀，腾讯于 2013 年正式向社会开放云服务，并于 2014 年独资成立腾讯云计算有限公司，同年获得工业和信息化部首批“可信云服务认证”。2015 年，腾讯云将云服务推广至北美市场，其主打产品包括云服务器、云数据库、CDN、安全云、万象图片和云点播等。

3）阿里云

阿里云在云服务领域已经深耕多年，其服务器功能强大、性能稳定。

阿里云的服务器、存储、数据库和视频云等业务划分明确，对物联网有专门的支持。

2020 年年初，中国发生新冠病毒疫情，阿里云在第一时间打造出“防疫精灵”（图 2-2-81），

提供全链路防疫体系，阿里云智能 IoT 联合生态合作伙伴，面向社区、医院、工厂企业、公共交通设施场所提供体温监测、人员健康管理、复工提报、应急排工、问题提报、设备消毒、供应链管理、仓储物流、潜在人员筛选、重点人员管理等系列防疫产品解决方案。

图 2-2-81　阿里云“防疫精灵”

此外，阿里云还提供人脸识别和红外测温相结合的智能产品，如图 2-2-82 所示。

图 2-2-82　人脸识别与红外测温相结合的智能产品

4）新大陆云

新大陆云是基于智能传感器、无线通信、大规模数据处理与远程控制等物联网核心技术开发的云服务平台，集设备在线采集、远程控制、无线传输、数据处理、预警信息发布、决策支持、一体化控制等功能于一体。用户及管理人员可以通过手机、平板电脑、计算机等信息终端，实时掌握传感设备信息，及时获取报警、预警信息，并可手动/自动调整控制设备。

四、从智慧教室看物联网系统的搭建

活动：

认识智慧教室，说说你期望的智慧教室是什么样的。

随着现代信息技术的发展、国家政策的引导，各地都在推进智慧校园建设。采用先进的教学手段、全新的教学环境、智能化的管理方法来提高教学效果和管理效率，已经成为各学校的需求及发展趋势。其中，智慧教室是以智能化弱电系统为基础而构建的集教学与管理功能于一体的智能化工作、学习、生活环境。

1. 传统教室与智慧教室的比较

在国家政策的推动下，重构教室环境，创建适合学生学习和教师教学的新型教室环境，是一种必然趋势，建设智慧教室成为了必然的选择。下面通过图片对比来了解一下智慧教室与传统教室有什么不同。教室全景对比如图 2-2-83 所示。

传统教室

智慧教室

图 2-2-83　教室全景对比

在传统的教学过程中，教师需要浪费几分钟时间进行课前点名；但在智慧教室中，教师可以利用签到功能，学生通过移动终端自动签到，甚至可以利用定位技术刷脸实现学生课堂考勤（见图 2-2-84）。

传统教室

智慧教室

图 2-2-84　学生签到对比

在传统教室中，学生人数较多，不少学生由于害羞、胆小等原因，不敢在课堂上提出问题。在智慧教室中，学生可随时通过终端向教师提出自己的问题（图 2-2-85）。

传统教室

智慧教室

图 2-2-85　课堂互动对比

在传统教室中，课桌排列方式固定。在智慧教室中，课桌可以调整排列方式，如马蹄形排列法、分组排列法等，这有利于营造不同的学习环境，促进主动式学习，提高教学效果（图 2-2-86）。

传统教室

智慧教室

图 2-2-86　课桌排列方式对比

在传统教室中，教师只能请个别学生演示课堂练习。在智慧教室中，教师可以通过终端了解每个学生的学习状态，有针对性地进行辅导，实现个性化教学（图 2-2-87）。

传统教室

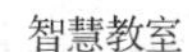

图 2-2-87　课堂练习对比

在传统教室中，教师通过粉笔在黑板上书写，粉笔灰污染课堂环境，危害师生健康，并且粉笔加黑板的单一表现形式很难将知识直观化、形象化。在智慧教室中，使用教室大屏与移动终端多屏互动，可形象化地显示教学内容，增大信息量，扩展课时容量（图 2-2-88）。

传统教室

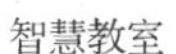

图 2-2-88　教学工具对比

在传统教室中，教学过程不可避免地以教师为中心。在智慧教室中，可使用多种教学手段，有效使用新的教学技术，调动学生学习积极性，活跃课堂气氛，提高教学效率（图 2-2-89）。

传统教室　　　　智慧教室

图 2-2-89　课堂氛围对比

在 2020 年，受新冠病毒疫情影响，很多学校推迟开学，在“停课不停学”的号召下，各学校纷纷开展网络教学。建设了智慧教室的学校，通过完善的智慧教室录制了一批精品网课，丰富了教师的线上教学资源，实现了很好的教学效果（图 2-2-90）。

图 2-2-90　教学效果对比

2．智慧教室的架构

智慧教室是新型教育形式和现代化教育手段的体现（图 2-2-91）。基于物联网技术，集互动教学、人员考勤、资产管理、环境调节、视频监控及远程控制于一体的新型现代化智慧教室系统，是未来学校建设的有效组成部分。

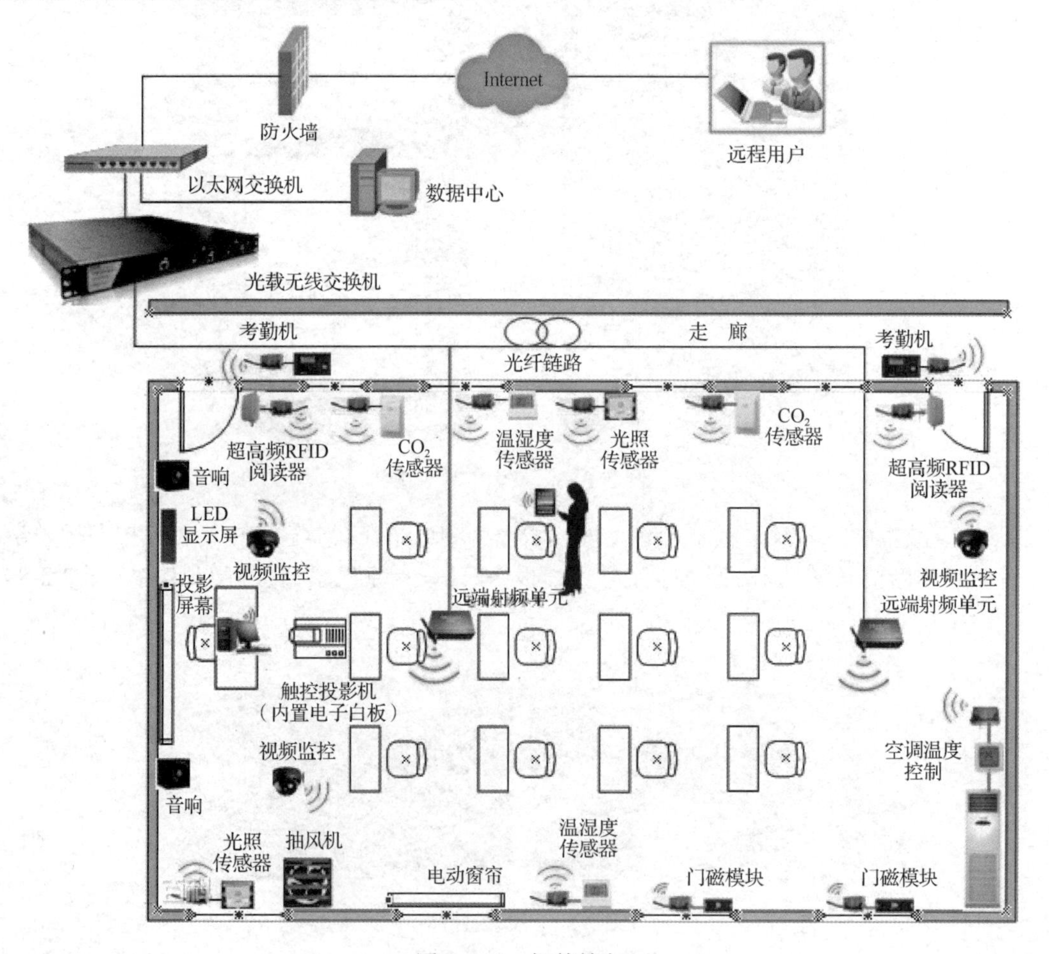

图 2-2-91　智慧教室

1）互动教学系统

互动教学系统（图 2-2-92）包括内置电子白板的触控投影机、音响、麦克风等硬件设备，以及配套控制软件。使用交互式智能平板代替传统的黑板，实现无尘教学，保障师生的健康。可在平板上进行各种操作，与每个桌位上的终端进行互动，实现师生交互式课堂教学。

图 2-2-92　互动教学系统

2）显示系统

显示系统（图 2-2-93）用于显示教室的各项信息，如课程名称、班级、教师、到课率和教室内环境数据（温湿度、光照度、二氧化碳浓度等）。

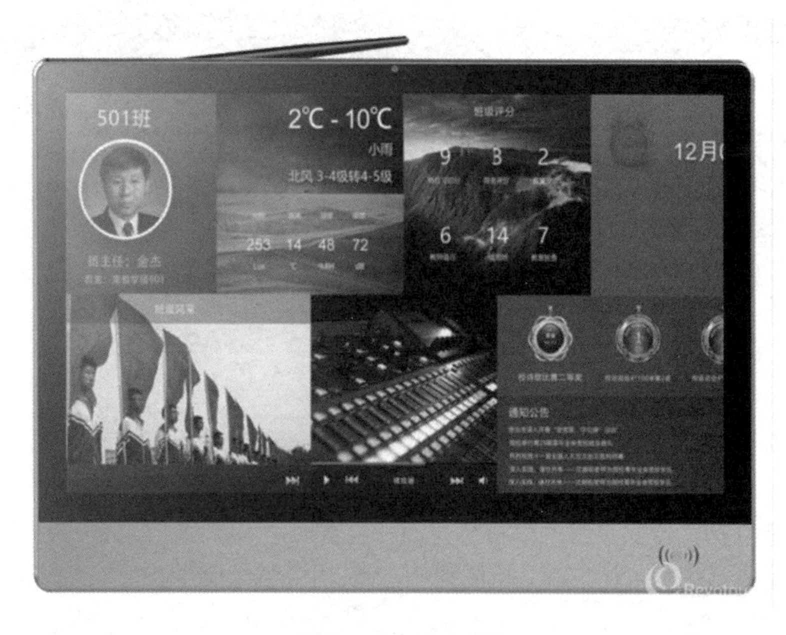

图 2-2-93　显示系统

3）考勤系统

考勤系统（图 2-2-94）由 RFID 阅读器、考勤机、考勤卡和配套控制软件构成。在教室门上安装一个考勤机，对进入教室的人员进行身份识别，对合法用户进行考勤统计，对非法用户进行告警。

图 2-2-94　考勤系统

4）灯光控制系统

灯光控制系统（图 2-2-95）是对灯光进行智能控制与管理的系统，与传统照明系统相比，它可实现灯光调节、一键场景、分区灯光等，并有集中、远程等多种控制方式，具有节能、环保、舒适、方便等优点。它由灯光控制器、光照传感器、人体传感器、窗帘控制系统和配套控制软件构成。首先通过人体传感器来判断教室内对应位置是否有人，若无人，则灯光控制器及窗帘控制系统处于关闭状态；反之，则处于工作状态。

图 2-2-95　灯光控制系统

5）空调控制系统

空调控制系统（图 2-2-96）由控制器、传感器和配套控制软件构成。通过温度传感器监测室内温度，当室内温度高于最高限值时自动开启空调，当室内温度低于最低限值时自动关闭空调，实现室内温度的自动控制。检测到 PM2.5、甲醛浓度超标时，自动启动空气净化器，改善室内空气质量。

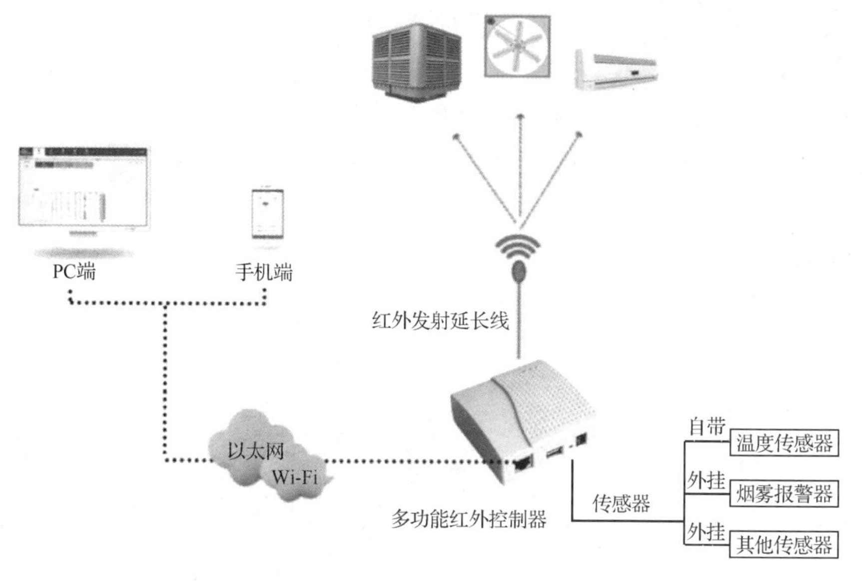

图 2-2-96　空调控制系统

6）通风换气系统

通风换气系统（图 2-2-97）由控制器、抽风机、CO_2 传感器和配套监控软件构成。通过 CO_2 传感器监测室内的 CO_2 浓度，当室内 CO_2 浓度高于软件限值时，自动开启抽风机进行换气，通过补充室外空气来降低室内的 CO_2 浓度。

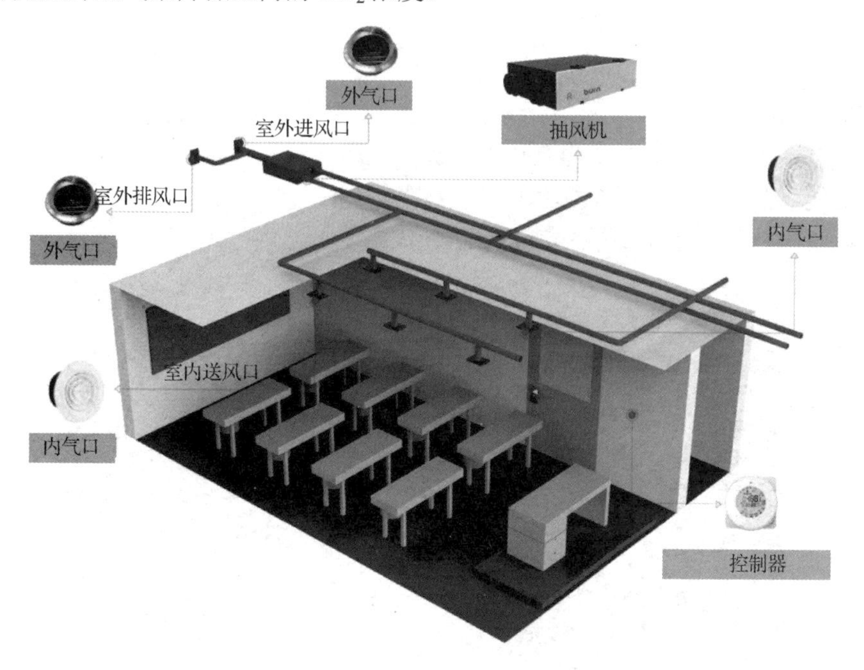

图 2-2-97　通风换气系统

通风换气系统还可升级为环境监测系统，对教室环境中的温度、湿度、烟雾浓度、CO_2 浓度等进行实时监测。系统的主要工作有：自动进行数据采集、处理、指标分析，实时地将指标信息显示在主机上和发送到手机上；当温度过高，烟雾浓度、有害气体浓度超标时，发送报警信息到远程监控主机，然后主机会联动不同的设备进行自动处理。

通过实践发现，基于 ZigBee 无线传感网的教室环境监测系统能较好地实现对教室环境信息的实时采集。智能主机能实时地接收、转发、处理、显示环境信息数据，并在异常时进行自动处理。远程监控主机能实时地进行环境信息更新，存储报警信息。

7）门窗监视系统

门窗监视系统（图 2-2-98）由门磁模块及配套软件组成。门磁模块用于检测门和窗户的开关状态，并将状态信息及时上传至服务器，同时设置敏感时段，实施对门窗的自动监视和报警。

图 2-2-98 门窗监视系统

8）视频监控系统

视频监控系统（图 2-2-99）由有线摄像头或无线摄像头和配套监控软件构成。在教室前后门口各安装一个摄像头监控人员出入情况，在教室内安装一个摄像头监控教室内部情况，将采集的影像传送至服务器，提供实时的监控数据。

图 2-2-99 视频监控系统

9）资产管理系统

资产管理系统由 RFID 阅读器、抗金属电子标签（图 2-2-100）和配套控制软件构成。在教室内安装一个 RFID 阅读器，对教室内的仪器、设备等资产（贴有电子标签，电子标签内存有设备的详细信息）出入教室进行监控与管理，对未授权用户把教室内资产带出教室进行告警，方便管理人员对教室设备的统一管理。

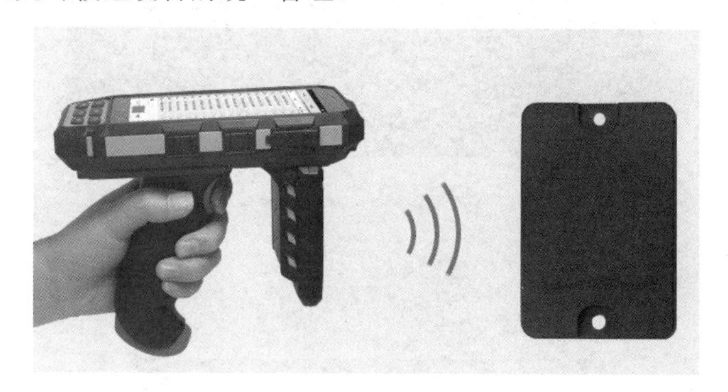

图 2-2-100　RFID 阅读器与抗金属电子标签

3. 智慧教室建设方案

1）学习空间（图 2-2-101）

学习空间要具有灵活性和兼容性，适合讲授、小组合作学习，针对不同学习策略可以灵活转换。

图 2-2-101　学习空间

2）教学环境

交互式智能平板（图 2-2-102）具有显示、书写、信号处理、控制功能，可为教师和学生提供较好的视觉体验；其内置了白板教学软件，可为师生提供内容丰富、生动直观的教学资源。它可以为分组学习提供演示环境，便于学生观看教学视频，与同组同学讨论交流。同时，它可以丰富教师的教学方法，提高学生的学习效率。

图 2-2-102　交互式智能平板

智能控制中心（图 2-2-103）可对智慧教室中的多种教学设备进行集中控制，教学设备包括计算机、投影机、幕布、功放等，可有效支撑教师开展灵活多样的教学形式。

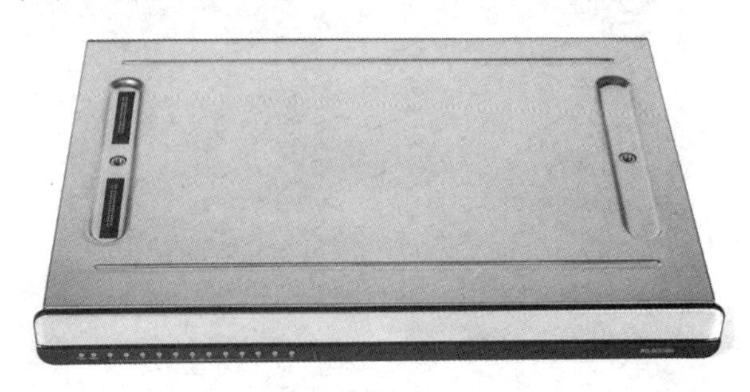

图 2-2-103　智能控制中心

3）教学应用

教室综合管理平台（图 2-2-104）是采用物联网技术构建的管理平台，可实现教室管理和控制，提升管控效率，满足智慧教室的管控要求，支持创新的教学模式。它具有教室监控、告警监控、教务管理、统计分析等功能。

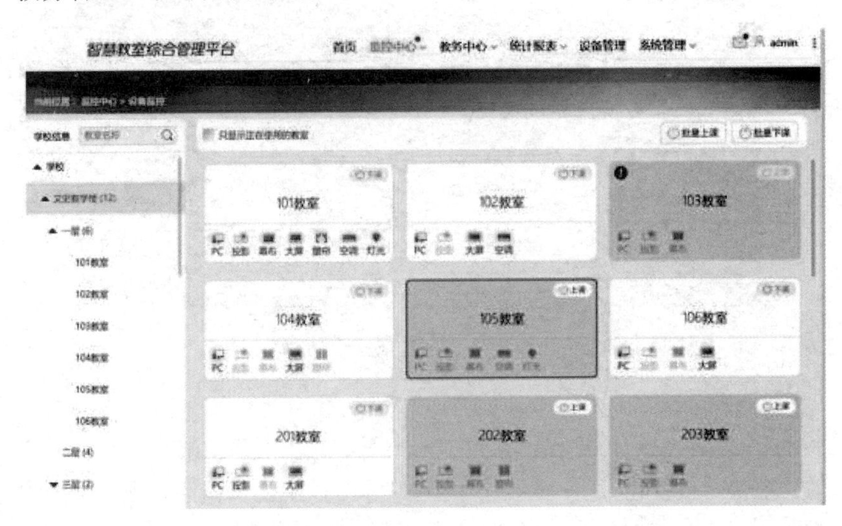

图 2-2-104　教室综合管理平台

互动教学系统（图 2-2-105）是一套软件产品，面向常态化教学，可有效解决教学脱节、师生课堂互动手段匮乏、学生课堂参与度低、研讨组织效率低、课堂数据无记录、成果无保留等问题。同时，它是一个需要根据不同需求进行二次开发的应用系统。

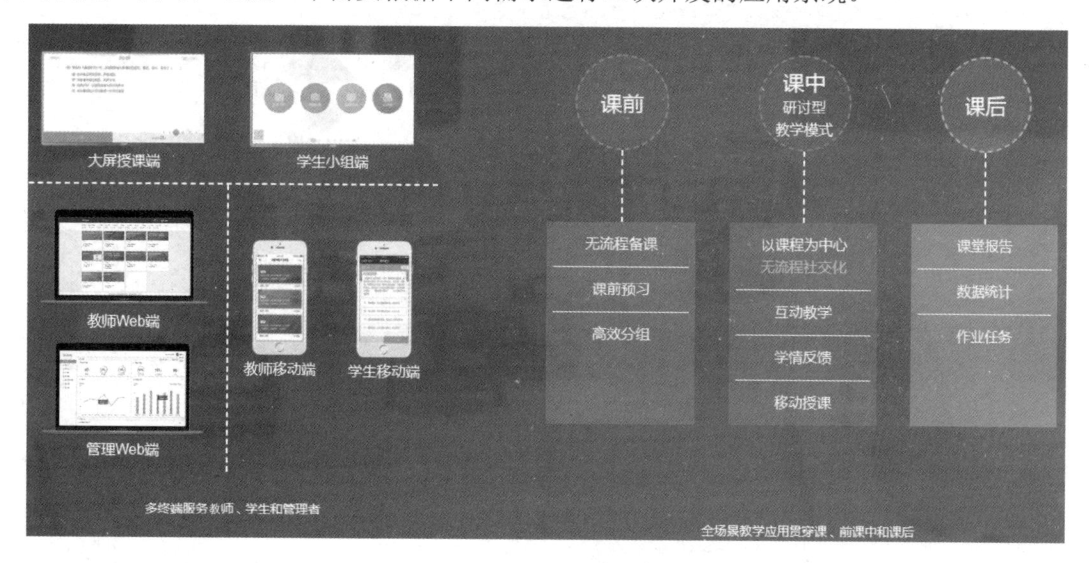

图 2-2-105　互动教学系统

利用上述系统，教师可以轻松、便捷地进行分组和小组管理（图 2-2-106）。

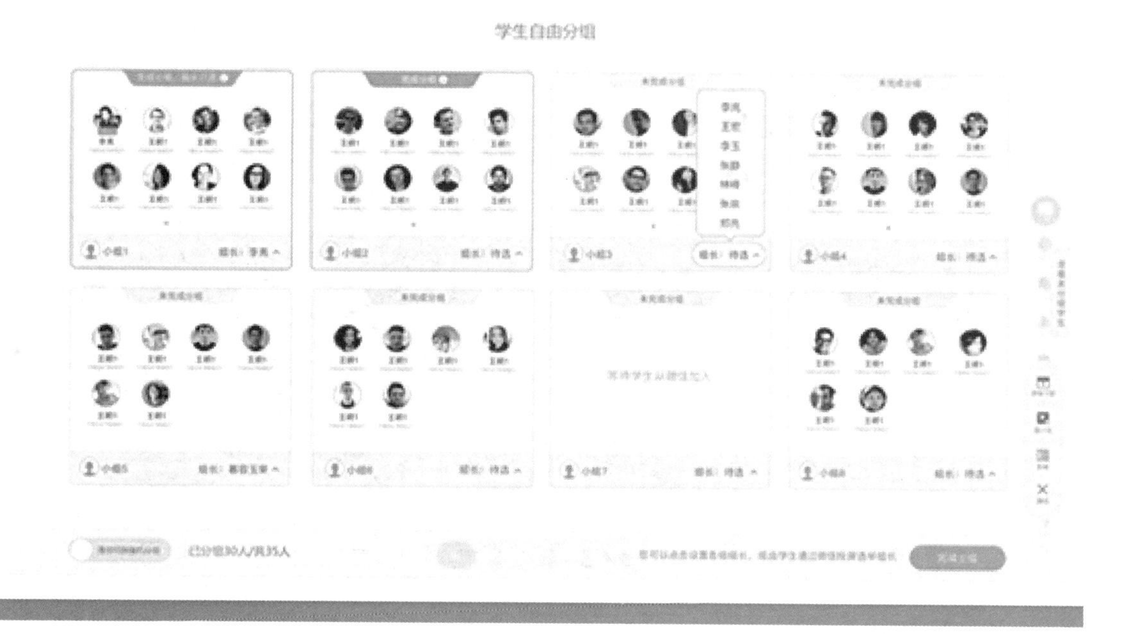

图 2-2-106　分组和小组管理

下课后，系统会推送课堂报告，包含考勤记录、互动记录、资源、成果等课后反馈（图 2-2-107）。

图 2-2-107　课后反馈

教师可查看数据分析（图 2-2-108），包括教室管理、课堂管理、课堂互动、资源应用等数据。

图 2-2-108　数据分析

智慧教室运用传感器等技术，实现物和物、物和人的连接，具有智能识别、监控、管理功能，可以满足各类课程实训的需要，为物联网应用提供实践平台。

五、搭建智能家居系统

活动：

动手搭建智能家居系统，说一说你理解的智能家居系统。

1. 搭建原则

随着购房主体日渐年轻化，年轻人成为购买新房的消费主力军。年轻人在设计新房装修风格时，往往会选择智能化家装，从而彰显年轻家庭的个性化。为了得到更好的智能家居体验，在设计新房时最好将智能家居布线方案也一起设计好，这样即使暂时不想安装智能家居，后期想安装智能家居时也不会因为没有提前预留线路而被迫走明线。

构建智能家居系统（图 2-2-109）需要智能硬件、智能服务器、智能应用软件、云服务管理平台的配合。目前国内比较成熟的应用方案有智能照明、智能门窗、智能门禁、智能安防、暖通控制、电器控制、影音控制、家庭安全、环境控制、场景控制等系统。

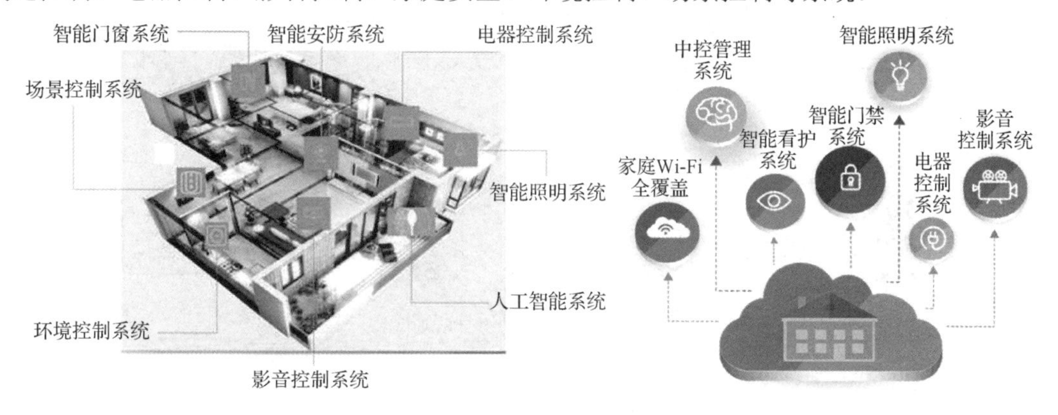

图 2-2-109　智能家居系统

由于智能家居系统涵盖的产品类目较多，如果全部安装，一般家庭会难以承受，因此建议根据预算来选产品。一套房子装修结束后，使用最频繁的是照明设备。在传统照明系统中，家中的灯需要手动开关，回家时要摸黑开灯，进入任何一个房间也要摸黑开灯，离开时必须记住关灯，出门时要检查各个房间的灯是否关闭，十分烦琐。

智能照明系统（图 2-2-110）主要实现两方面功能：一方面可以通过手机开关灯，实现远程控制；另一方面可以设置灯光场景，实现一键全开或全关功能。例如，“会客场景”可实现客厅及相邻区域的灯全部开启。

全套的智能照明系统比较复杂，成本较高，建议对传统照明方式进行改良，实现部分智能照明功能，如墙壁开关控制、远程控制、语音控制等，为使用者带来便利。

本任务对客厅的照明系统进行智能化改造，安装智能开关和场景面板，实现智能遥控、语音控制、手机控制等（图 2-2-111）。

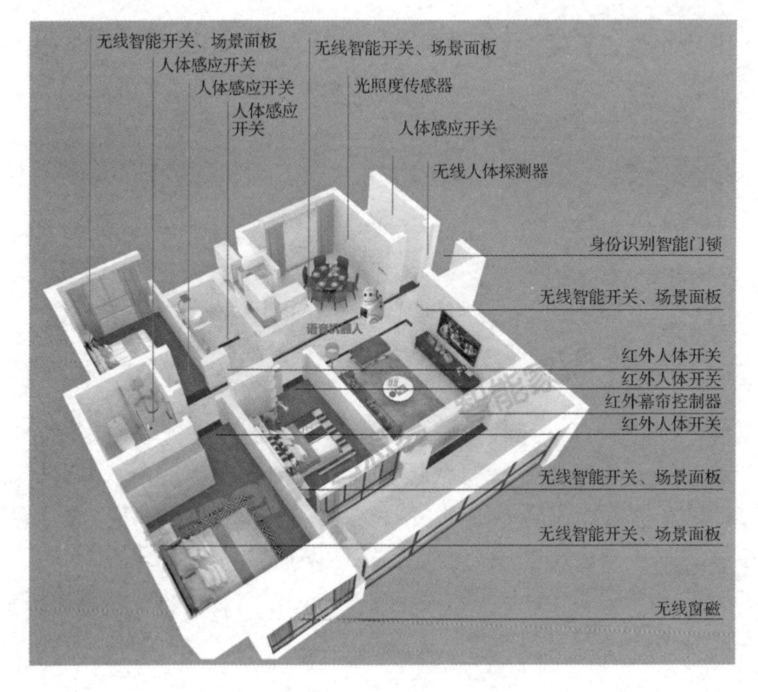

图 2-2-110　智能照明系统

语音控制	手机控制	智能遥控	墙面开关控制

图 2-2-111　智能照明控制需求

（1）墙面开关控制（图 2-2-112）：可自由设定多种场景模式，如会客模式、就餐模式、温馨模式、离家模式等，可控制相邻区域的多个设备。

图 2-2-112　墙面开关控制

（2）智能遥控（图 2-2-113）：通过智能遥控器，控制相邻区域的多个设备。

图 2-2-113　智能遥控

（3）手机控制（图 2-2-114）：通过手机控制家中的照明，也可设置任意一种场景模式。

（4）语音控制（图 2-2-115）：通过与语音机器人对话的方式，控制家中的照明，也可设置任意一种场景模式。

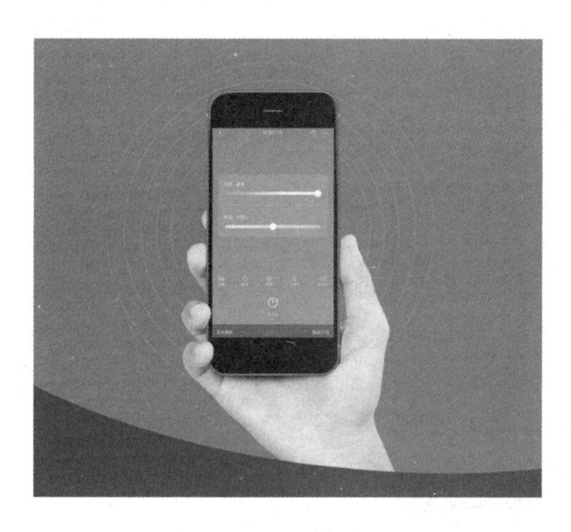

图 2-2-114　手机控制

图 2-2-115　语音控制

2. 设备选型

1）照明灯具选择

目前市面上的很多灯具品牌均有支持智能照明的产品发售，下面以欧普照明的一款吸顶灯为例展示其功能，灯光种类如图 2-2-116 所示。

图 2-2-116　灯光种类

这款灯具有多种控制方式（图 2-2-117～图 2-2-119）。

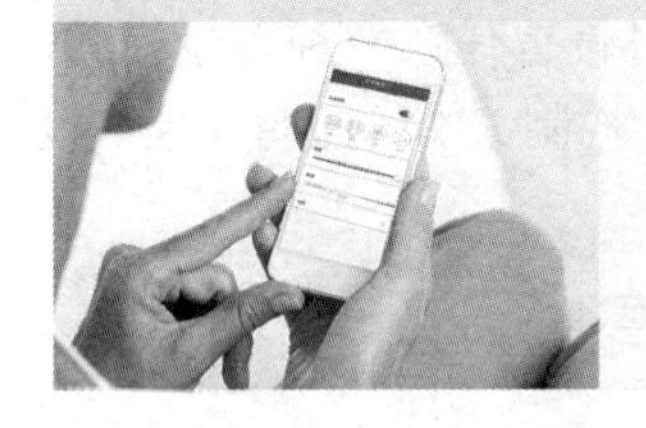

图 2-2-117　控制方式 1

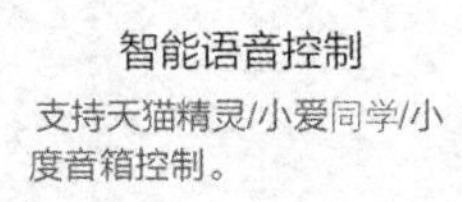

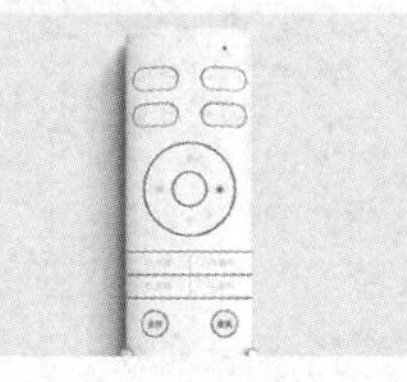

图 2-2-118　控制方式 2

图 2-2-119　控制方式 3

这款灯具开发了专用的智能控制 App（图 2-2-120）。

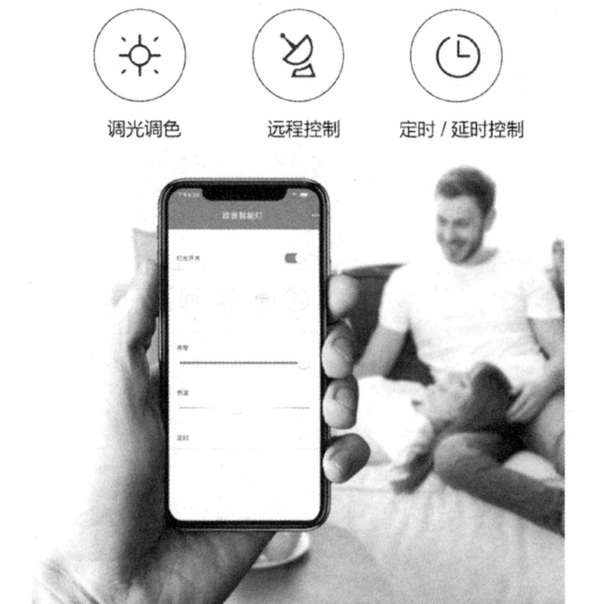

图 2-2-120　智能控制 App

还可使用小米米家 App 对这款灯具进行控制（图 2-2-121）。

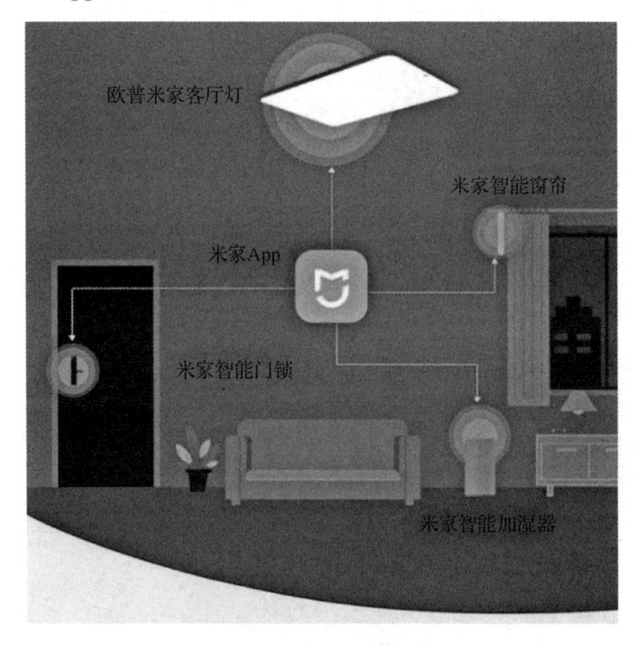

图 2-2-121　使用小米米家 App 进行控制

2）墙面开关选择

墙面开关的种类更多，需要根据灯具进行选择。

3）智能音箱选择

目前市场上主流的智能音箱有小爱同学、天猫精灵、小度音箱、小艺、小蛋等，未来会有更多的智能音箱。

小爱同学（图 2-2-122）是小米公司于 2017 年发布的首款智能音箱，用户只要对着音箱说出“小爱同学”，便可唤醒音箱并与其进行语音交流。

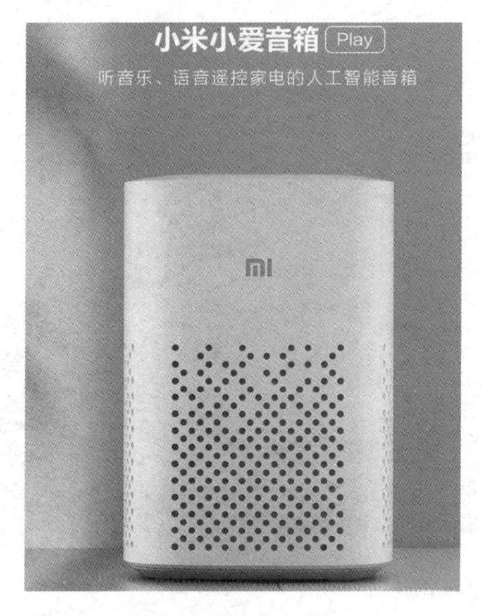

图 2-2-122　小爱同学

天猫精灵（图 2-2-123）是阿里巴巴人工智能实验室于 2017 年发布的智能音箱。

图 2-2-123　天猫精灵

小度音箱（图 2-2-124）是百度旗下的智能音箱。

图 2-2-124　小度音箱

3．组织实施

智能家居是一个系统工程，需要做好前期的准备工作。要先明确需求，再根据实际情况选择设备。选好设备后，即可进行安装。

1）网络

由于日常家用的智能产品越来越多，对于家庭无线网络的要求就变得更高，为了保证智能家居产品的使用体验，建议使用光纤网络。可考虑将网线分别拉至每个房间，根据需求和房间数量来分配网络。

智能家居产品在实现配网时，需要使用无线网络。如果没有无线网络，通过共享手机网络也可实现。

2）网关

作为智能家居系统的“心脏”，网关发挥着重要作用。想要通过发送无线控制信号来实现智能控制，就需要保证网关和智能家居产品间的控制信号稳定。正常情况下，二者间的室内控制距离为 10m。同时，要根据房屋的架构及建筑材料来考虑安装的位置和距离，或考虑增加网关的数量。网关的位置通常处在控制区域的中心，控制面积不超过 140m^2。若设备数量较多或房间面积较大，可考虑增加网关的数量。

3）布线

在布线方面，大部分智能家居产品的供电方式为零火线供电，正常装修大多采用单火线供电方式，所以，预留零线非常重要。智能面板属于零火线开关，在开关底盒中须留有零线和火线。

4）智能音箱设置

以天猫精灵为例进行设置，如图 2-2-125 所示。

图 2-2-125　天猫精灵的设置

至此，智能照明系统搭建完成（图 2-2-126）。

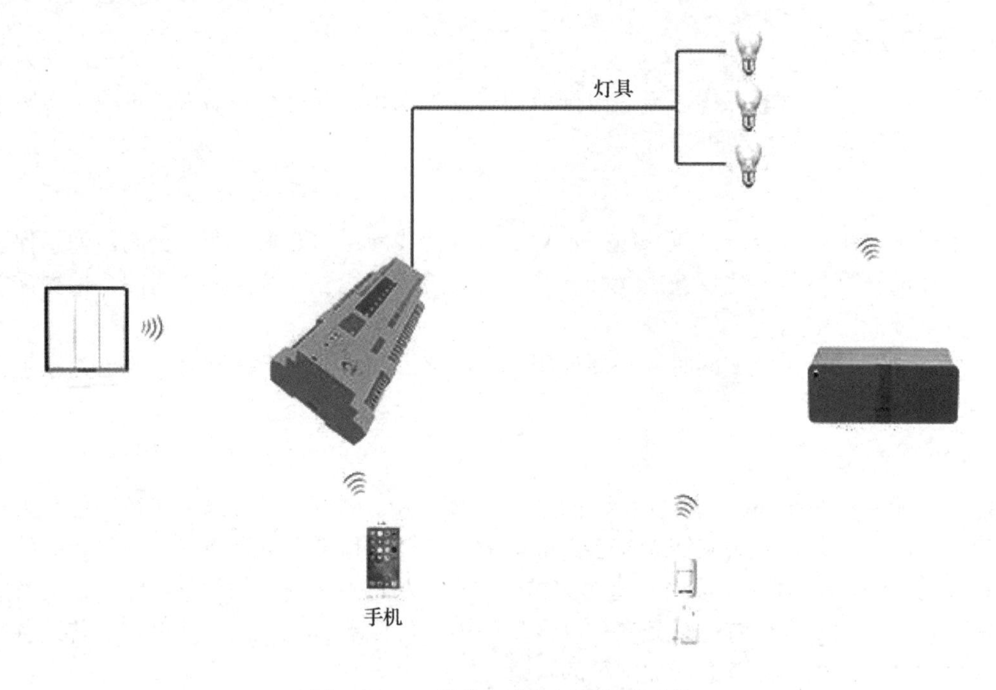

图 2-2-126　搭建完成的智能照明系统

4. 搭建效果

通过客厅智能照明系统的搭建，实现了墙面开关控制、智能遥控、手机控制、语音控制。手机控制如图 2-2-127 所示，可实现回家提前开灯。

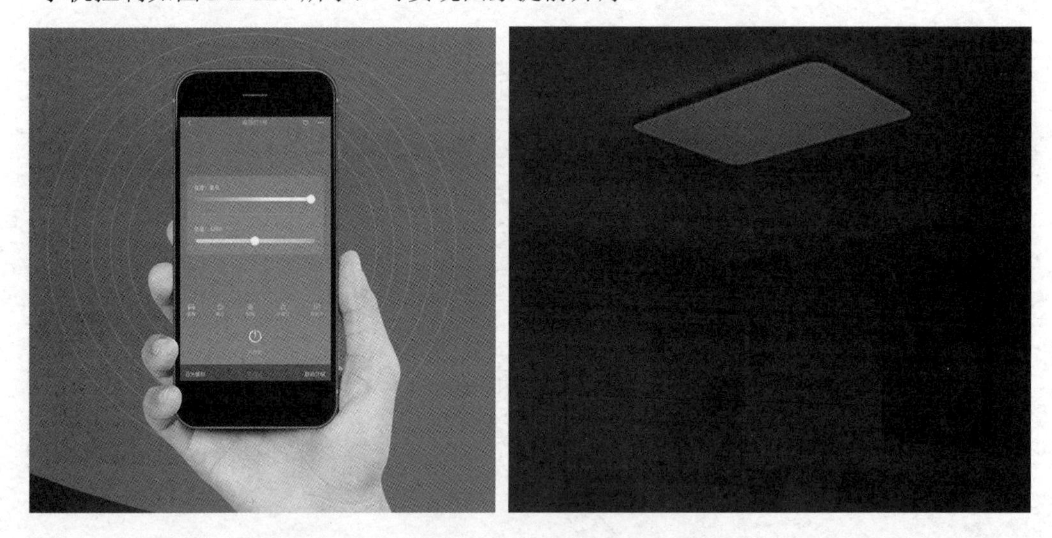

图 2-2-127　手机控制

进入客厅，可使用墙面开关控制（图 2-2-128）。

图 2-2-128　墙面开关控制

坐在沙发上，可进行智能遥控（图 2-2-129）。

图 2-2-129　智能遥控

可在家中任意位置进行语音控制（图 2-2-130）。

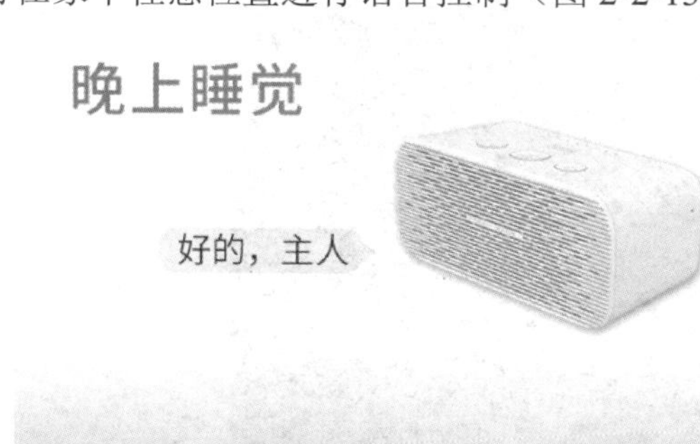

图 2-2-130　语音控制

智能照明系统可实现多种场景模式，如图 2-2-131～图 2-2-134 所示。

图 2-2-131　会客模式

图 2-2-132　就餐模式

图 2-2-133　温馨模式

图 2-2-134　离家模式

环节三　分析计划

经过一系列知识的学习和技能的训练，以及信息资讯的收集，本环节将对任务进行认真分析，并形成简易计划书。简易计划书具体由鱼骨图、“人料机法环”一览表和相关附件组成。

1. 鱼骨图（图 2-3-1）

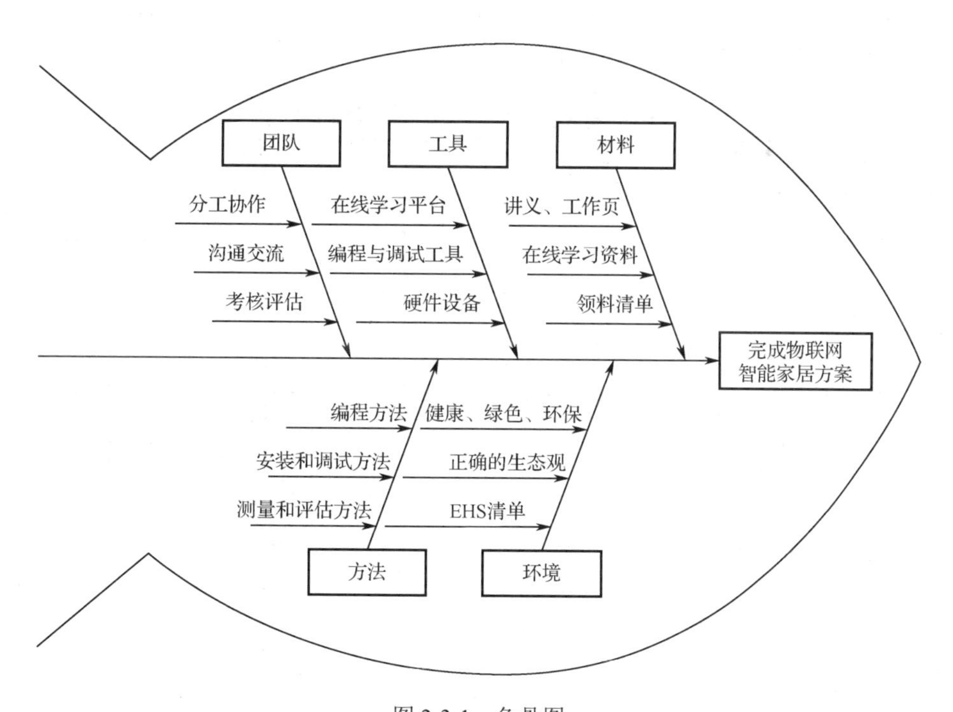

图 2-3-1　鱼骨图

2. “人料机法环”一览表（表 2-3-1）

表 2-3-1 “人料机法环”一览表

<table>
<tr><td colspan="2">人员/客户</td></tr>
<tr><td colspan="2">发布的任务如下：
根据控制要求设计与调试程序
通过程序编写与调试运行的质量和职业规范、EHS 来评价你的工作
在组织过程中，以小组为单位，密切联系学长、同学和老师，利用更多人力、智力资源完成这次工作任务</td></tr>
<tr><td>材 料</td><td>机器/工具</td></tr>
<tr><td>讲义、工作页
在线学习资料
材料图板
领料清单</td><td>依据在信息收集环节中学习到的知识，参考工具清单安排需要的工具和设备
在线学习平台
工具清单</td></tr>
<tr><td>方 法</td><td>环 境
（安全、健康）</td></tr>
<tr><td>依据在信息收集环节中学习到的技能，参考控制要求选择合理的编程与调试流程
绘制流程图</td><td>绿色、环保的社会责任
可持续发展的理念
正确的生态观
EHS 清单</td></tr>
</table>

填写角色分配和任务分工与完成追踪表（表 2-3-2）。

表 2-3-2 角色分配和任务分工与完成追踪表

序 号	任务内容	参加人员	开始时间	完成时间	完成情况

填写领料清单（表 2-3-3）。

表 2-3-3　领料清单

序　号	名　称	单　位	数　量

填写工具清单（表 2-3-4）。

表 2-3-4　工具清单

序　号	名　称	单　位	数　量

流程图如图 2-3-2 所示。

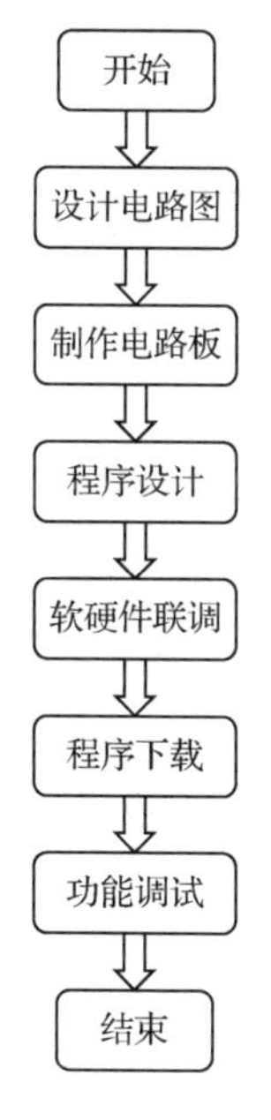

图 2-3-2　流程图

环节四　任务实施

1. 任务实施前

参考分析计划环节的内容，全面核查人员分工、材料、工具是否到位，确认编程调试的流程和方法，熟悉操作要领。

2. 任务实施中

在任务实施过程中，按照“角色分配和任务分工与完成追踪表”记录每个学生完成的情况。

在任务实施中，严格落实EHS的各项规程，填写表2-4-1。

表2-4-1　EHS落实追踪表

	通 用 要 素	本次任务要求	落 实 评 价
环境	评估任务对环境的影响		
	减少排放		
	确保环保		
	5S达标		
健康	配备个人劳保用具		
	分析工业卫生和职业危害		
	优化人机工程		
	了解简易急救方法		
安全	安全教育		
	危险分析与对策		
	危险品注意事项		
	防火、逃生意识		

3. 任务实施后

任务实施后，严格按照5S要求进行收尾工作。

环节五　检验评估

1．任务检验（表 2-5-1）

表 2-5-1　任务检验

序　　号	检 验 项 目	记 录 数 据	是 否 合 格
			合格（　　）/不合格（　　）
			合格（　　）/不合格（　　）
			合格（　　）/不合格（　　）
			合格（　　）/不合格（　　）
			合格（　　）/不合格（　　）
			合格（　　）/不合格（　　）
			合格（　　）/不合格（　　）
			合格（　　）/不合格（　　）
			合格（　　）/不合格（　　）
			合格（　　）/不合格（　　）
			合格（　　）/不合格（　　）

2．教学评价

利用评价系统进行评价。

参考文献

[1] 浅谈物联网发展技术与 RFID 技术的关系[EB/OL]. [2015-8-12]. 中国物联网.

[2] RFID 是什么[EB/OL]. [2017-3-2]. 中国物联网.

[3] 于宝明，张园.物联网技术及应用基础[M]. 北京：电子工业出版社，2016.

[4] 人脸识别技术发展现状及未来趋势[EB/OL]. https://blog.csdn.net/fadsf15/article/details/87777069.

[5] 刷脸支付将呈现爆发式增长，中国将全面进入刷脸支付新时代. [EB/OL]. https://blog.csdn.net/lftx888/article/details/100112626.

[6] 何军译. 无线通信与网络[M]. 北京：清华大学出版社，2004.

[7] 董健. 物联网与短距离无线通信技术[M]. 2 版. 北京：电子工业出版社，2016.

[8] 唐玉林. 物联网技术导论[M]. 北京：高等教育出版社，2014.

[9] 强世锦，徐杰. 物联网技术导论[M]. 2 版. 北京：机械工业出版社，2020.